JN174546

街角図鑑

三土たつお
編著

実業之日本社

はじめに

世の中にはたくさんの図鑑がある。昆虫図鑑、鉱石図鑑、動物図鑑などなど。知らない虫を見かけても、昆虫図鑑を見ればたいていの名前を調べることができる。図鑑はすごい。

でも、動物も鉱石も昆虫も、街で普通に暮らしてる限りあまり見かけることがないものだ。駅前にゾウがいて、それがアジアゾウなのかアフリカゾウなのか知りたい状況ってあんまりないでしょう。そういう、ふだん見かけないものについてはたくさんの図鑑があるのに、街なかで普通に見かけるなんでもないものについての図鑑はみたことがない。それってちょっと妙だ。

だから、こういう本が欲しいと思った。この本は、まさにそういうものについての図鑑だ。マンホールやパイロン（三角コーン）、送水口や地面に埋まっている杭、道路の舗装などが載っている。さっき見かけたあのパイロンは何だろう？と思ったときにこの図鑑を見れば、なるほどズイホー産業の「ユニ・コーン」か、みたいなことが分かる。

そんなことが分かってなにが嬉しいのか、と思ってはいけない。今まで同じに見えていたものが実は違うという発見は、それ自体とても貴重な体験だし、なにより面白いものだ。メンバーが大勢いるアイドルグループも、興味がないうちは全員同じに見える。まずは見て、違いを知ることで興味も湧いてくる。

この本はまた、単にそれらをカタログのように並べて名前を知ることだけを目的とはしていない。それらを見るポイントはどこか、どういうふうに鑑賞すれば楽しいのか、それを伝えるガイドでありたいと思っている。

『ランドスケール・ブック—地上へのまなざし』（石川初著・LIXIL出版）は「取るに足らないものたちの鑑賞ガイド」という章で終わっている。そこにはこんなふうに書かれている。

「（前略）日常的に最も頻繁に目にしている普通の『もの』の由来や構造を解き明かしてくれる、街の『取るに足らないものたちの鑑賞ガイド』があるといいと、ずっと考えている。」

まったくそのとおりだと思う。そしてそのようなものの一助になりたいと思った。だから、この本には一流の鑑賞家による鑑賞ガイドがたくさん載っている。一般的にはこう見ると面白いよという紹介だけじゃない。何年も見てきた上で、一般的には理解されないかもしれないけど、ここがいいんだという主観も含まれている。いや、むしろ主観メインかもしれない。

この本は、路上でリファレンスとして使うこともできるし、部屋の中でめくって読んでいるだけでも楽しいと思う。「まじでこんなに種類あるの？」みたいな驚きがある。「目には入ってたけど見えてなかった！」みたいな発見がある。たぶんだけど。

携行して街角でリファレンスとして使えば、「この送水口は露出型単口だから相当古いぞ」みたいなことが分かるだろう。まあ、おそらくだけど。

この本のきっかけとなったのは、編著者がニフティの「デイリーポータルZ」に書いた「街角図鑑」という記事だ。その後、多くの方の寄稿や協力を頂いてこのように結実した。この本を読んだら、街角のなんでもないものに目を向けてほしい。きっと見方が変わっているはずだ。

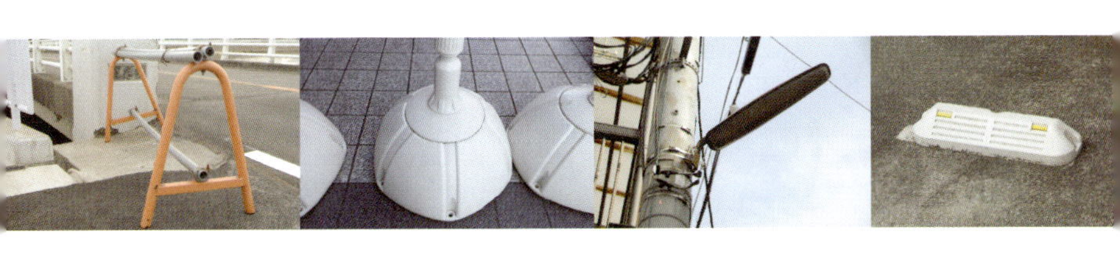

街角図鑑　**もくじ**

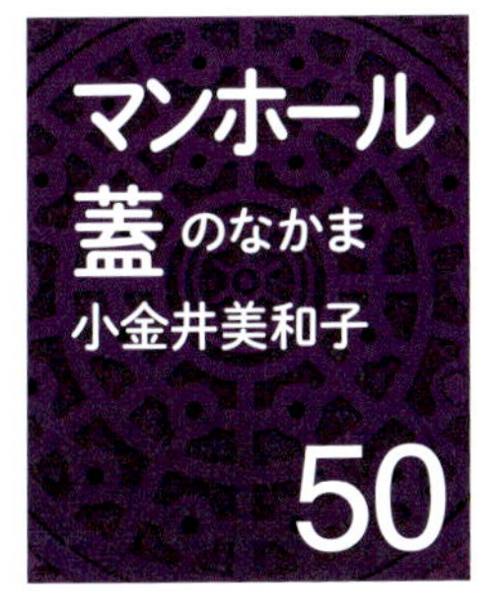

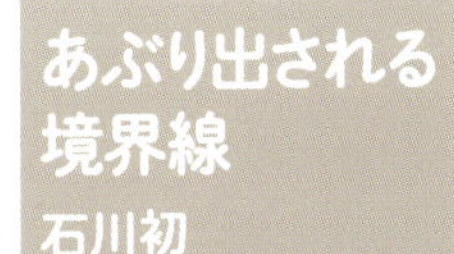

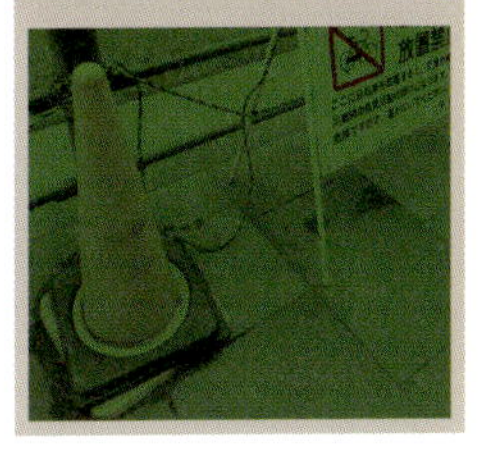

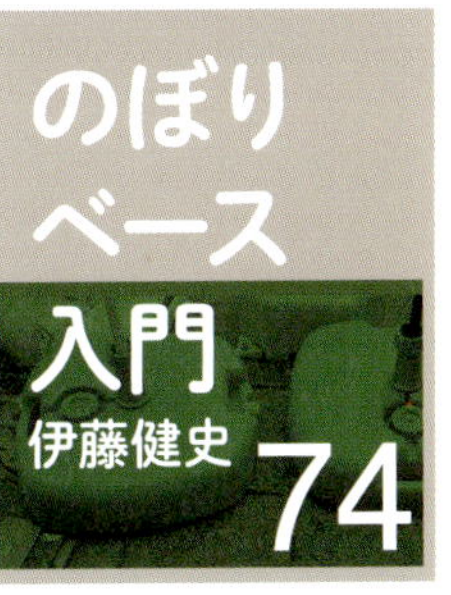

もくじ

総説　街角の足もと

街角で見かけるものは、その位置する高さによってある程度似たような性質を持ち、グループ化することができる。それらは、足もとにあるものと、視線を上げた先にあるものに大別できる。まずは足もとにあるものから見ていこう。

自分の真下にある地面を見てみる。そこには道路の舗装や側溝、マンホールの蓋なんかがある。それはぼくたちが街で暮らすうえでの基盤だったり、地下空間への接点だったりする。

地面なんて単なるアスファルトでしょ、と思うかもしれないが、都市の地面はとても人工的な設備だ。舗装だけでも何層もの構造になっているし、さらに地下には水道管、ガス管など街を支えるためのインフラが隠されている。それは人間でいえば皮膚や血管に例えることもできる。

それから、その地面に上に乗っているものがある。パイロン、路上の鉢植え、ガードレール、単管バリケードなどの路上の物件だ。路上を観察するといった場合の対象はだいたいこれらになるだろう。風景としては、自治体の設置したガードレールの脇に店舗ののぼり旗が

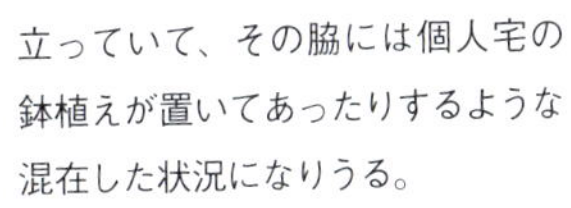

立っていて、その脇には個人宅の鉢植えが置いてあったりするような混在した状況になりうる。

さらに視線を上げるとカーブミラーや電柱なんかが登場するのだが、それは本の後半に任せよう。

この本の前半では、街角の足もとで見かけるものを取り上げる。基本的には「公」が管理するかっちりとした基盤の上で、ところどころ「私」がはみ出している世界だ。対象のサイズは、路上物件であればせいぜい1mぐらいのものが多い。

このエリアの魅力は、とても身近だということだ。直接さわることができる。間近に見ることができる。なんなら所有することもできる。それだけに、多くの人がすでに観察を蓄積している場所でもある。分からないことがあればあの人に聞こう、みたいなこともできる。

マンホールなど、長く観察を続けている方がいるものについては、なるべくそのような方に執筆をお願いした。そうでないもの、たとえば段差スロープのようなものについては、編著者である三土が観察と収集を行った。

それでは次のページからさっそく見ていこう。

パイロンのなかま

主に赤くて円錐状。道路の脇に立っていることが多い。
棒で連結して道路上に立ち入りできない区画を作ったり、
駐車禁止のメッセージを伝えたりと、いろいろな役割を持っている。

カラーコーン®/セフテック

パイロンといえばこれだ、と感じる人も多いんじゃなかろうか。「カラーコーン」はセフテックの登録商標。

ユニ・コーン/ズイホー産業

足元の丸い部分が二段なのがユニ・コーンと覚えよう。そのおかげか、他にくらべて強い風でも倒れにくいらしい。

HK スコッチコーン/日保

とにかく太くて、重いやつだ。本体だけで 3.5kg もあるので足元の重りもいらないときている。

PC-710H/ポータ工業

右ページのスコッチコーンAによく似ている。唯一の違いは、頭の上の小さな突起ぐらい。素人泣かせといえよう。

レボリューションコーン700/セフテック

反射板がギラギラ光ってかっこいい。光の来たほうに反射する再帰性反射というやつになっているので、夜は特に目立つのだ。

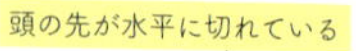

ミニコーン/日保

小さてかわいいやつだ。高さは 45cm で、ふつうのやつの 7 割ほどになっている。

カラーコーン ECO ／セフテック

レボリューションコーン 700 にそっくりだけれど、ベースの黒い部分に円周状のオレンジの点がないというところで見分けよう。

スコッチコーン A ／セフテック

同社のカラーコーンとサイズも重さも同じ。V の形の反射板がついてるのがスコッチコーン A だ。

サワーコーン PVC-700 ／前澤化成工業

ユニ・コーンにそっくり。区別がつかないと思うかもしれないが、大丈夫。足元に「サワーコーン」とちゃんと書いてある。

◎カラーバリエーション◎

パイロンといえば赤だけれど、それ以外の色ももちろんある。青、緑、黄、白。よりどりみどり。

こんなふうに中から光るやつもある。

めずらしいパイロン

肉の万世

秋葉原のレストラン「肉の万世」の裏にある。ホルスタインみたいな模様。

スケスケタイプ

夏でも蒸れないためではなく、危険物を隠されたくないため。（写真：伊藤健史）

引越作業中

引越作業中にしかお目にかかれない。

ジャンボコーン／セフテック

とにかくでかい。高さ 180cm。大人と同じだ。隣のパイロンが子どもに見えるでしょう。

パイロンのなかま

パイロンの図解

誰にも触られないことこそ、パイロンの使命

パイロンは、ほぼすべてが円錐形の胴体に、正方形のベースがついている形をしている。その役割は「移動式の柵」。人やクルマを寄せ付けないことが目的だ。だから、ほとんどのパイロンは警戒色たる赤である。さらに反射材で自らを着飾っている。

種別を見分けるポイントは、頂上の形、反射材の形、ベースの形である。いかに人間やクルマに避けてもらうか、いかに転倒しないかという工夫を観察しよう。もし、クルマがしょっちゅう接触するならば、それはパイロンとしての使命を果たしていないのだ。パイロンは、とにかく、だれにも触って欲しくないと思っているはずだ。

パイロンの人生には、運不運もあるだろう。きっと、世の中には、幸運にも何十年にもわたってクルマに激突されず、紫外線もあまり受けず、生き延びているパイロンがあるはずだ。現存する日本最古のパイロンは、いったい何十年前のものなのだろうか。識者の報告が待たれる。

パイロンの生態

パイロンは、活動時はお互いが離れている。
そしておおむね連結されている

工事現場を立ち入り禁止にしたり駐車できないようにしたり
あふれる自転車を押しとどめたり
駐車場のレーンを形づくったりする。

パイロンの死

出回っているものは主にポリエチレン製であり、割れやすい。だから頭が割れたり、足元が割れてしまったりする。もはやまっすぐ立つのも難しい。根元だけを残して胴体がなくなってしまっているのもある。こうなるともう死といえるだろう。

非活動時は群れる

上：積み重なって休む習性がある。
中：さらに高くなる。
下：最終的にコロニーが形成される。

ガイドポストのなかま

車線の脇に立っていて、車が通れる幅がどこまでかを教えてくれる。
夜間は光って、その先のカーブのようすを教えてくれたりもする。
進むべき道をガイドしてくれるポスト。視線誘導標ともいう。

ポストフレックス／保安道路企画

上から見るとTの形をしているのが特徴。そのおかげで車に踏まれても復元しやすい。最強ポールとして、なんとテレビ出演も果たした。

ポストコーン／NOK

ポール部分は上から見ると丸い。足下にポツポツとついている反射体はキャッツアイというらしい。かっこいい。

ポールコーン／積水樹脂

足下にびっしりとガラス球がついている。なんとスワロフスキー社製の輝き！　再帰性反射でキラキラである。やや高価。

ガイドポスト／NOK

上から見ると三角。軽負荷用と謳っていて、同じNOKのポストコーンに比べるとちょっと安い。

ポールサイドコーン／三甲

頭にポッチがついているのが特徴。足元の黒い部分は再生ゴム。他にくらべてやや安い。

ガードコーン／サンポール

よく見かけるものは、足元の台座がのっぺりとしているのが特徴。ただし台座に反射体がついていたりするバリエーションもある。

ポールコーンガード／積水樹脂

ガイドポストを連結してコの字型にした。鉄製の車止めに見えるけれど、じつはウレタン製で踏まれたらぐにゃりとなる。

めずらしいガイドポスト

ガイドポストの上部に、横向きにポストが差し込めるようになっていてT字形になるようなものもある。中央分離帯を渡るな、という強い意思が感じられる。

◎カラーバリエーション◎

緑

黄色

黒

ガイドポストはオレンジ色ばっかりというわけではない。意外と多色展開されている。
黒いのは景観配慮型というやつである。京都に行くとコンビニの看板が黒かったりするのと同じ意味。
目立たないように見えるけど、夜はちゃんと車のライトを反射してくれるので大丈夫。

ガイドポストのなかま

ガイドポストの図解

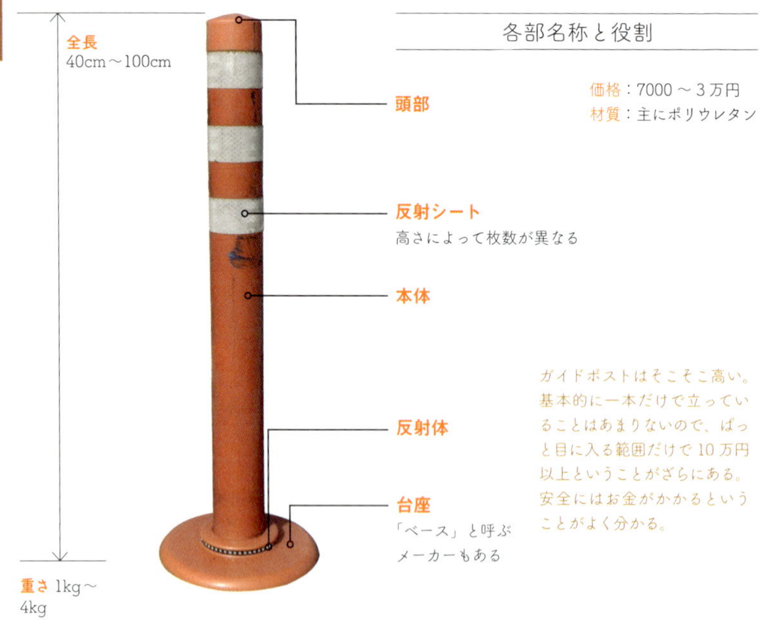

体を張ってみんなを導く、ガイドポスト

ガイドポストは、たいてい地面から1mくらいの高さのポールとして立っている。そして、ここは危険だから近づいてはいけないと訴えている。だから彼らはたいていオレンジ色を身にまとい、夜はピカピカと光って自分の存在を教える。しかも彼らは命がけである。自分はいつ踏まれてもいい。そんな覚悟で道路上に立っている。彼らが自分を目立たせる工夫、踏まれても大丈夫なように身を柔らかく保っているようすに目を向けよう。

ポール断面がT字なのがポストフレックス、足元に小さな反射体がいっぱいあるのがポールコーン、足元の反射体が大きいのがポストコーンである。この三つはよく見かけるからぜひ覚えよう。そうやって見分けがつくようになれば、親近感も湧いてくる。同じ区画の中に一本だけ違うやつがいれば、寂しくないか、仲間に入れているか、そんなことも感じられるようになるかもしれない。

ガイドポストの生態

ガイドポストは、基本的に群れて列をなしている

物理的には入れるけれど、ルールとしては入っちゃだめだよ、という規制された領域を立体的に表すのが彼らの役割だ。左側に見えるコンクリートの中央分離帯には、車は侵入できない。でもその手前の進入禁止のマークのある場所は、入ろうと思えば入れる。だから彼らは、たまに踏まれることがある。

でも大丈夫。
体は非常に柔軟にできている。
分類としては
軟体動物ということになるだろう。

夜は光る

軟体動物で夜は光る。まるでホタルイカのようだ。ガイドポストとは路上のホタルイカなのかもしれない。

ガイドポストの死

戦いの果て、力尽きて倒れるものもいる。
先頭で頑張ってきたリーダーの無念と、
それを見守る後輩たちの覚悟が伝わってくる。

防護柵のなかま

**道路の脇にあって、歩行者を車から守ってくれたり、
斜めに進んだ車の進行方向をまっすぐに直してくれたりする。
いわゆるガードレールだけではなくて、路上の防護柵全般について扱うことにしたい。**

ガードレール

水平方向の柵（ビーム）が鋼板でできている。ふつう白く塗ってあるが、この写真のように雨で上部が錆びているものをよく見かける。

横断防止柵

歩行者が車道を横断するのを防ぐための柵。ガードレールほどの強度はない。いろいろなデザインが施されがち。

ガードパイプ

ビームがパイプでできているので、歩行者がよく見える。横断防止柵と似ているが、車両を守るための柵なので支柱は車道の裏側に隠れている。

ガードケーブル

ビーム部分がケーブルになっている。プロレスのリングに張られたロープのようなイメージで、ぶつかった車を安全に車道に戻す。

横断防止柵／目玉タイプ

国道タイプ。これがあれば国道。大きな目がギョロリと睨み、安全運転しているかどうかを見ている。

鉄柵

支柱が石材、ビームは厚い鉄板という、有無をいわせないタイプ。ぶつかってくるならこい。俺は負けないぞ、という風情。

文字タイプ

横断防止柵／北区

横断防止柵はいろいろにデザインされがちだ。これは東京都北区のもの。どうみても「北」。こういうのを文字タイプと呼ぼう。

横断防止柵／品川区

文字タイプの傑作。よく見ると品川。そしていったん見えるようになるとどう見ても品川。(写真：小金井美和子)

植物タイプ

横断防止柵／都道タイプ

東京都の木、イチョウを表したものと思われる。こういうのを植物タイプと呼ぼう。真ん中の黄色い部分はカタツムリだ。

横断防止柵／渋谷区

これも植物タイプ。渋谷区の花、ハナショウブを表したものだろう。中段のビームを伸ばして強度を確保しているように見える。

イメージタイプ

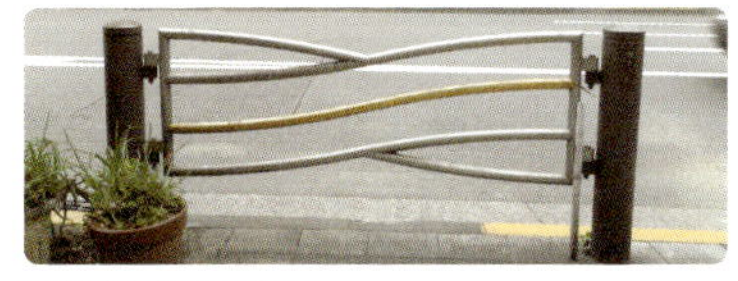

横断防止柵／錦糸町

錦糸をイメージしたものだろう。真ん中の金の糸が鮮やかだ。こういうのをイメージタイプと呼ぼう。

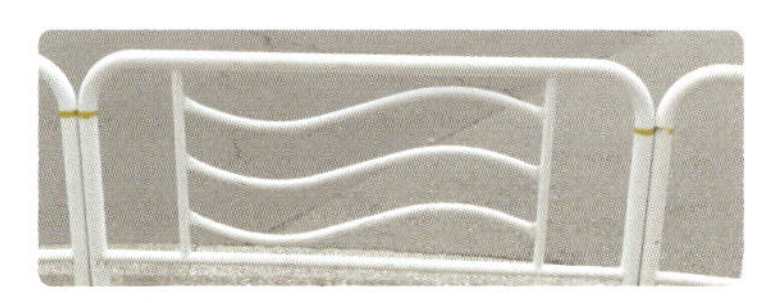

横断防止柵／江東区

これもイメージタイプ。江東区といえば海、海といえば波という、割とざっくりしたイメージで作られている。それでいいのだ。

横断防止柵／御茶ノ水

御茶ノ水駅近くにある聖橋を模したものだろう。曲げたパイプの作るカーブが実際の橋と一緒だ。ご当地ガードパイプでもある。

横断防止柵／神楽坂

東京・神楽坂のこれは、まるでウルトラマンに出てくる怪獣、カネゴンのようだ。地面深くに埋まり、目だけを出している。

防護柵のなかま

防護柵の図解

各部名称と役割

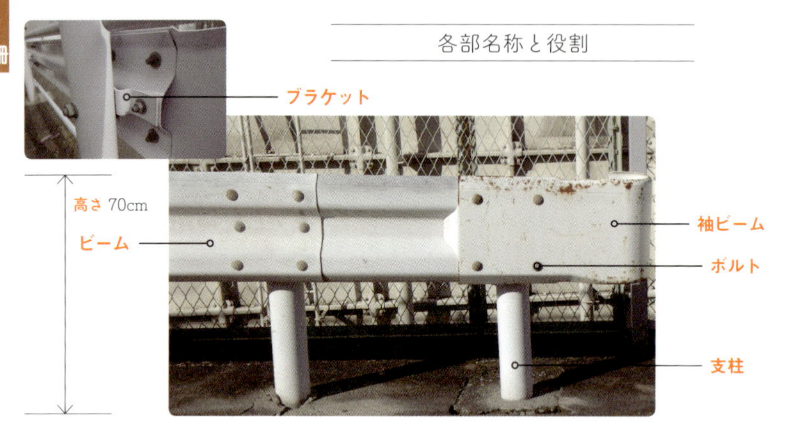

支柱が地面の上に出ている高さは70cm程度だが、地面の下にはだいたい1m以上埋まっている。ビームは波形の断面のものが一般的。

支柱を上から見ると、メーカーが分かることがある。左のマークがあれば神戸製鋼グループだし、右があれば旧新日鉄系だ。

道路の限界ギリギリに立ち、みんなを守る

防護柵が立っているのは、道路の端である。闇雲にはじっこにいるわけではない。その外側に危険があるから、みんなを守るために盾となってそこに立っている。ガードレールは自分の体を白く染め、ここから外側は危ないということを視覚でも教えてくれているのだ。

そんな正義のヒーローなのに、顔立ちは柔らかだ。ガードパイプでは、花のデザインを身にまとったり、カネゴンのようにぎょろぎょろとした目で道行く人を楽しませてもくれる。そして万が一だれかが道を踏み外そうしたら、優しくもとの道に戻そうとする。その際、自分の体はどうなっても構わないとさえ思っている。

心やさしき正義の味方とは、まさに防護柵のためにあるかのような言葉だ。

そんな彼らも、たまに街路樹に食べられてしまうというトラブルがある。でも決してやり返したりはしない。心優しい人格者である。

防護柵の生態

たわむのが使命

上写真２点は高速道路だが、ガードレールはここにしかない。
まるで標識や非常電話を守っているかのようだ。
しかし、ガードレールが実際に守っているのは車両であり、
つまりは乗っている人である。
車両が直接標識にぶつからないよう、車を優しく押し返す。
右写真には、ガードレールがしっかりと仕事をした痕跡が、
大きく曲がった影に現れている。
自分はたわみ、そして人々を守るのだ。

意外な天敵・植物

防護柵のそばの街路樹や草花は、左写真のように柵を覆い尽くしてしまうことがある。さらに、一部の街路樹は柵を食べてしまうという習性もあるのだ。
左下写真がその現場である。横断防止柵がプラタナスに食べられている。上段のビームは完全に取り込まれ、そろそろ消化される頃だろう。中段と下段はまさに咀嚼している最中のようだ。
もともと柵に近すぎる街路樹が、道路側に傾いたような場所で柵を捕食しているとみられる。そんな仕打ちをうけても彼らはただ黙って耐えるのみである。

車止めのなかま

自動車が入ってきて欲しくないところににょっきりと立っていて、
物理的な障害として立ちはだかる。
使わないときは地面に埋まるもの、チェーンがつながるものなどのなかまがいる。

素材・使われ方による分類

ボラード

石やコンクリートでできている。もともと岸壁で船を係留するために使う太い柱をボラードといい、そこからの連想でこういう車止めもそう呼ばれる。

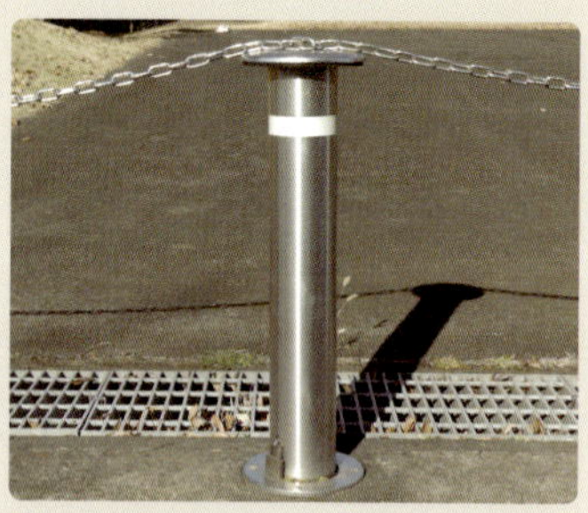

チェーンポール

隣のポールとの間をチェーンでつなげるようになっていて、隙間を車が通れない。チェーンは、使わないときは取り外せる。

ストーンボラード／帝金

御影石に似せた擬石でできている。重さは数十kgもある。地面の上に出ているのは全体の約7割で、残りは埋まっている。

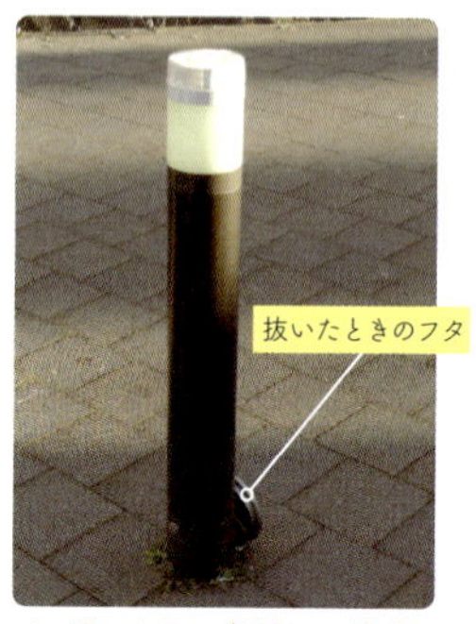

ソーラーLEDバリカー／帝金

日中の太陽光で充電し、夜中に頭がぼわっと光る。12時間も連続点灯できるらしいので、冬の夜長も安心。

バリカー上下式／帝金

使わないときは地面の下に収納できるタイプのチェーンポール。チェーンは収納できたりもする。車止めといえばバリカー。

バリカー横型／帝金

公園の入口などに常設するタイプの車止め。横長のスタンダードタイプのほか、縦長のハイショルダータイプなどのなかまもいる。

TOEX スペースガード／LIXIL

名前が宇宙防衛軍みたいでかっこいい。実際には車が来ないように空間を守るという意味だろう。住宅や店舗でよく見かける。

ムーブボラード／ヒガノ

足元に隠されているキャスターを出して移動できる、というすごい能力を持つ。隣のボラードとの間に板を渡してベンチにもできる。

アーチスタンド／ミツギロン

なんとプラスチック製。足元のタンクに注水して重りにする。車の侵入を防ぐにはちょっと弱いけれど、自転車くらいならこれで十分。

チェーンスタンド／ミツギロン

同じくミツギロンによるプラスチック製のチェーンポール。もちろんチェーンもプラスチック。個人宅のガレージとかでよく見かける。

エキスポール／ユニオン

頭部の反射材が黄色いのが、他と見分ける上での特徴。あとは足元に「エキスポール」と書いてあるのでそこをチェックしよう。

サンバリカー／サンポール

国旗掲揚に使うようなとても長いポールも扱うのがサンポール。車止めくらいお手のもの。上から見ると「＋」の形にくぼんでいる。

擬木

擬木にわざわざ「車止」と書いてある。どうせ物理的に通行できないのに。車は絶対に通さないという意思を感じる。

車止めのなかま

車止めの図解

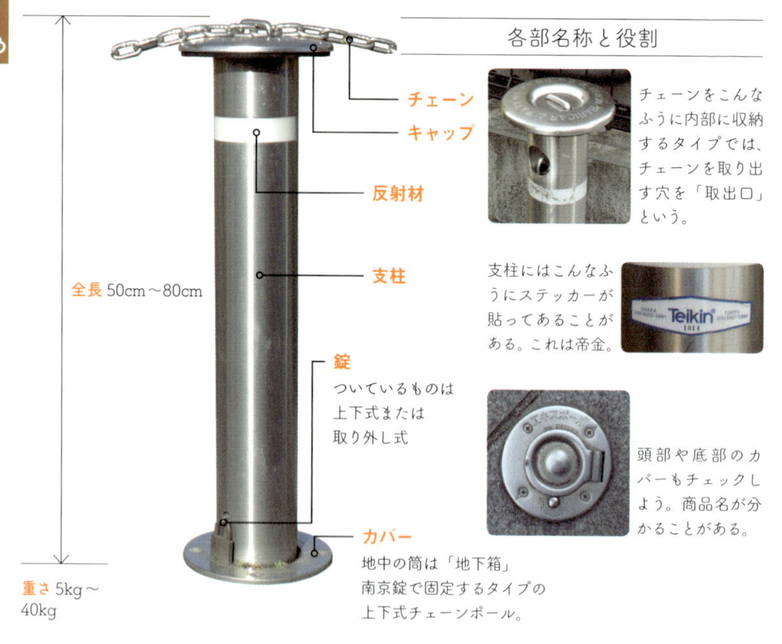

地中の筒は「地下箱」南京錠で固定するタイプの上下式チェーンポール。

車の進入を実力で阻止する。それが車止めの役目。

車止めは重い。そして地面にしっかり根を下ろしている。すべては自分が盾となって車の侵入を止めるためだ。材質は主にステンレスかコンクリート、まれに天然石。車を通すために地面の下に隠れたときは、その上をバスが通れるような耐久力があったりする。まさにがっしりしている。

見かける車止めは、かなりの割合で帝金のバリカーである。これは必ず押さえよう。支柱に「Teikin」というステッカーが貼られていたり、頭部に「BARICAR」と書かれていれば帝金だと見分けがつく。

メーカーや商品名が分かるようになってきたら、次は彼らが置かれている状況を鑑賞していきたい。バリカーの群れのなかにエキスポールが一つだけ混じっているのを発見したり、チェーンが独特の巻かれ方をしていたりするのを楽しめるようになることだろう。

車止めの生態

チェーンポールのチェーンは、非活動時にさまざまな形態をとることが分かっている

十字結び　　亀甲結び　　垂れ下がり　　内部収納

これらの形態は、垂れ下がり→結び→内部収納の順で進化したものと思われる。最初はただ垂れ下がっていたものが、おそらく景観上の理由から結ばれるようになり、さらに利便性の観点から内部に収納されるようになったものだろう。

また、ベンチに擬態することもある

ヒガノのムーブボラードは、太くて背が低い。ついつい座りたくなってしまうだろう。実際、擬態するだけでなく、オプションをつけることによって本当にベンチに変身する能力も持っているくらいだ。すっかり騙されて座ろうと思って近づいてみると、このようなラベルが貼ってあったりする。

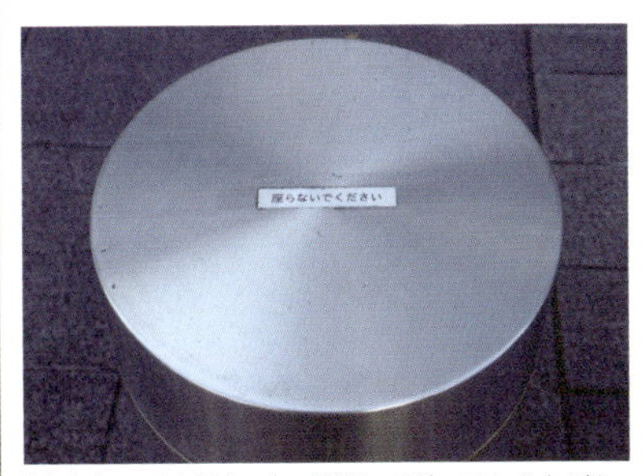

「座らないでください」。擬態して誘っておきながらこの仕打ちとは、なかなかに気まぐれである。

段差スロープのなかま

路面の段差を埋めるためのスロープ。
駐車場の前とかに置いてあるやつだ。
ゴム製のものをよく見かける。段差解消スロープともいう。

素材・使われ方による分類

ゴム属

何より値段が安く、また車が通ったときの音も静かなので、このところ勢力を広げている。再生ゴム、硬質ゴムなどの亜属などがある。

プラスチック属

足で踏んだときの感じはゴムよりも若干固いが、耐久性などはゴム属とあまり変わらない。ポリエチレン亜属などがある。

コンクリート属

「渡り石」と呼ばれる別のなかまから突然変異したため「渡り石ブロック」とも呼ばれる。写真のものは、フレーム付き渡り石ブロック。

鋳鉄属

とにかく頑丈で、ダンプカーみたいな重い車に踏まれても大丈夫。その分お値段はゴム製の数倍高い。ダクタイル鋳鉄亜属などがある。

鉄板属

滑り止めのための独特の模様がついた、縞鋼板とよばれる鉄板を使ったもの。基本的に丈夫だが、車が通ると音が響いたりする。

ゴム属

ロードアップG／リッチェル

ゴム製。横三本の部分の下に空間があるため、ここに穴が開いているものをたまに見かける。

ライトステップコーナー

ゴムです、という感じがストレートに伝わってくる。しかし製造元を含め詳細不明。

セフティスロープ／ミスギ

ゴムチップ製、足で踏むとふかふかして気持ちいい。見た目にもその感じが伝わるでしょう。本来の目的を忘れてずっと踏んでいたくなる、癒し系段差スロープ。

プラスチック属

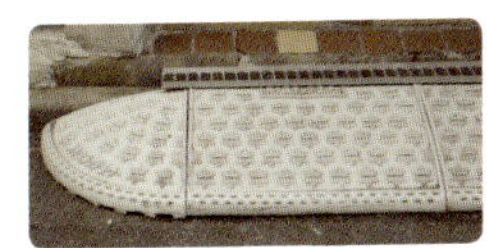

ハイステップコーナー／ミスギ

段差スロープ界の雄、ミスギによるプラスチック製段差スロープ。プラスチックとはいえ丈夫で、壊れているのを見たことがない。

JOYSTEP／サンポリ

名前がすばらしい。ジョイステップ。よく考えれば段差とはやっかいなものであり、それを越えられることは喜びに他ならない。

UNISTEP

サンポリのJOYSTEPによく似ているが、どうもサンポリ製ではないらしい。今後の研究が待たれる。

セフティアップ／テラダ

段差が解消されるということは、安全に上れるということである。そのことについぞ気がついてこなかった。ポリエチレン製。

段差プレート10cm／コーナンオリジナル

商品名の「10cm」はスロープの高さ。埋めるべき段差に応じてこんなふうに何種類かの商品があることが多い。

鋳鉄属

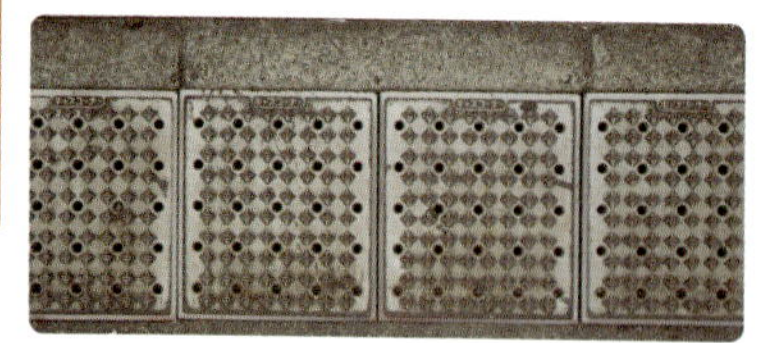

キャスコーナー／ミスギ

ミスギの看板製品。ミスギに電話すると「はい、キャスコーナーのミスギです」と言われるので間違いない。

ハウスコーナー／鐵装

家の隅に設置するからハウスコーナーという分かりやすい名前。舗装タイルのように隣と連結することで一定のパターンを生み出す。

ラクラクスロープ／第一機材

鋳鉄製で高級感のある雄牛のロゴがかっこいいが、名前は「ラクラクスロープ」。ずいぶん軽い感じだ。

ウェルカム（ガイドコーナー）／ミスギ

こんなふうな挨拶が書かれたものを店舗などでたまにみかける。段差スロープこそが店への最初の入口だからだろう。

P コーナー

「駐車禁止」のようなことを注意するタイプのものもある。店舗の前面道路じゃなくて、駐車場に止めてねということだろう。

ステップエース

作られていたのは1990年頃までのようだが、詳しいことが分かっていない。ローマ字で格言が刻み込まれたものもある。

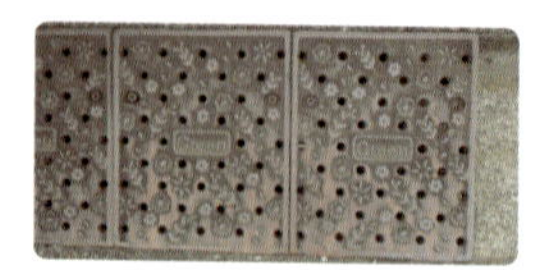

Green

これを初めて見つけたときはびっくりした。花柄に「グリーン」の文字。花壇の近くで使うことを想定しているのだろうか。

ハッピーブリッジ

直訳すると「幸せの橋」。段差を解消するということに対して、なにか過剰な喜びを発見しがちな傾向があるのかもしれない。

鉄板属

段差ステップ

縞鋼板の汎用性を見せつける一品。スロープではなくステップになっている。しかし段差を解消するという目的はこれで果たしている。

段差スロープの生態

活動時は通常、横に並ぶ習性がある

非活動時には、
縦にならんで休むこともある

非活動時に積み重なって休むのは、
パイロンなどではよく見かけるが、
段差スロープでも
同様の習性があるようだった。

プラスチック製やゴム製のものは鉄製などに比べると
比較的弱いため、まれに怪我をしているものを見かける

喜びが少し減っているように見えるジョイステップ（左）と、
足先の穴が痛々しいロードアップG（右）。雨水の通り道の部
分がどうしても弱くなってしまうのだろう。
これらを見かけたら、頑張ってるなと思ってほしい。

弱肉強食

本書「送水口」のコラムを書いている木村さんが発見した例。左のを見て「弱肉強食」を連想したという。ハウスコーナーの上を、鉄板スロープが覆い被さっている。最初に置いたハウスコーナーでは結局のところ建物の入口との段差が埋まっていないのに気づき、後から鉄板を置いたのだろう。右も木村さんが発見したもの。なんと段差の争奪が三回も発生している。どうしてこんなことになったのか、その経緯を想像するだけでも楽しい。段差スロープの世界にもきびしい生存競争があるのかもしれない。
（写真：木村絵里子）

段差スロープのなかま

段差スロープの図解

各部名称と役割

材質はゴム、鋳鉄、鉄板、石材などがある。
幅60cmくらいのものをいくつか並べ、角の部分には丸い形のもの（サイドコーナー）をあてることが多い。重い車が載るので、とにかく耐久性が必要。石材のものは渡り石と呼ばれ以前はよく見かけたが、最近はゴム製のものが多い。
ゴム製やプラ製の場合、パーツ同士を主にボルトで連結する。
横から見た形状はちょうど人間の足のようなアーチ型で、下部には土踏まずのような隙間があり雨水の通り道になる。

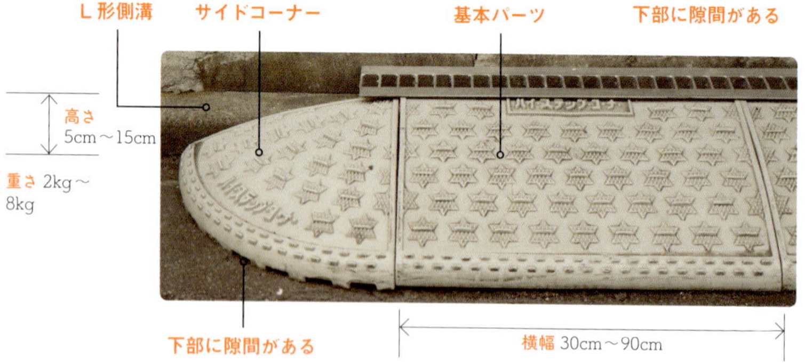

多彩な路上のはみだしもの

段差スロープの使命は、段差を埋めてなだらかなスロープにすることだ。それにより、車や車椅子の人が格段に通りやすくなる。人しか通らない店舗の前にも「いらっしゃいませ」のような段差スロープを置くのは、段差が思った以上に障害であるためだろう。

段差スロープはその上を乗用車やトラックが踏んだりもするので、とても頑丈なことが求められる。素材は主にプラスチックか鋳鉄。たいていとても重い。

路上では側溝の上で見かけることも多いが、そこは公道であり、本当は置いちゃいけない場所だ。切り下げ工事というのをやって路肩を低くするのが本来なのだ。しかしなかには、切り下げた路肩のわずか数cmのためにうっすーい段差スロープを置く例も見られる。段差がいかに嫌われ、そして段差スロープが必要とされているかがよく分かる。段差スロープは路上のはみ出しものだが、みんなに必要とされているのだ。

タイヤ止めのなかま

駐車場にあって、車のタイヤが動かないようにするためのもの。
車が動くことを物理的に阻止するだけでなく、これ以上は行けないよということを
タイヤの感触でドライバーに伝える意味が大きい。

パーキングブロック／サイコン工業

よく見かける。黄色い部分は反射板になっていて、夜間でも見やすい。写真はコンクリート製。

パーキングブロック・プラスチックタイプ／サイコン工業

パーキングブロックのプラスチック製。コンクリートタイプと異なり、側面に固定用のボルトが露出している。

プラストップ／アフロディテ

プラスチック製で軽いけれど丈夫。なんと8色が用意されている。丸いオレンジは反射材。目が丸いのがプラストップと覚えよう。

カーストッパー・ST-500／ミスギ

段差スロープの雄、ミスギによるタイヤ止め。プラスチック製だが重さは3kgほどあり、丈夫。横幅500mm。

カーストッパー・ST-600／ミスギ

横幅が600mmのタイプ。ST-500よりも軽く、地面への固定も接着剤だけでもできるなど、手軽に使える。

カーストッパーA型／TOEX

名前と外観はミスギのカーストッパー500と似ている。側面がシマシマなのがA型と覚えよう。ともにプラスチック製。

コンクリートブロック

コンクリートブロックを直に置いたものもある。ブロックを地面に固定するための専用の接着剤が売っていたりする。

角形鋼管

有料パーキングでよく見かける。錆びだらけになっていたり、内部にゴミが入っていたりする場合がある。ゴミ箱じゃないのに。

御影石

贅沢に御影石を使っているタイプ。しかしよく見るとコンクリートブロックの上から御影石を蓋のように載せているようだ。

タイヤ止めのなかま

タイヤ止めの図解

各部名称と役割

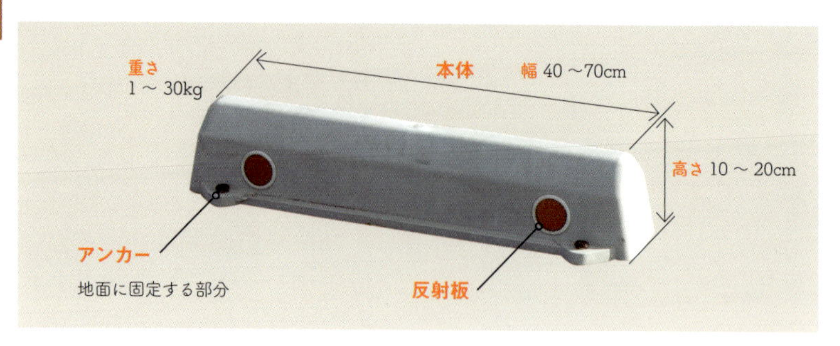

タイヤ止めはタイヤの重量がかかることが前提なので、とにかく割れないことが大事。踏まれても元に戻るプラスチックやゴム、固いコンクリートなどが使われる。地面にも強力に固定する必要があるから、ふつうはアンカーと呼ばれるボルトを地面に挿して固定する。自宅のガレージなどで、重い車は止まらないことが分かっている場合は接着剤だけで固定したりもできる。
タイヤ止めにはたいてい反射材がついている。夜間に自分の位置を確実にドライバーに知らせることは、スムーズに駐車できるようにする他、気づかずにぶつかってしまうような危険を避けることにもつながる。

タイヤ位置の限界を知らせ、自分はけっして動かない

タイヤ止めの役割は主に二つある。駐車場の区画の、進行方向の限界を知らせること。そしてタイヤを物理的に固定することである。

区画の限界は、その色や反射板によって視覚的に伝え、またタイヤが接触したショックによっても伝える。その機能に特化するならば、例えばレンガでもいい。単管パイプでも構わない。タイヤが車止めに当たったショックがドライバーに伝われば いいのだ。

もちろん、車両は軽いものばかりではないし、駐車場も平坦とは限らない。不特定多数の車が止まる駐車場であれば、万が一のためにしっかりとタイヤを固定する機能も必要となる。だから彼らは地中深くにしっかりと根を下ろす。

そして結局のところ、彼らの仕事は車や人の安全を守ることである。夜間に光る反射板は、彼らが目を光らせて働いている証でもある。

タイヤ止めの生態

タイヤ止めを見つけることができるのは、それなりに立派なガレージか駐車場である

こんなふうに、ふつうのガレージにはたとえ段差スロープはあってもタイヤ止めはない場合が多い。なぜなら、究極的には不要だからである。ドライバーが壁との距離感で自分で測って止めればいいのだ。

タイヤ止めの群れを観測するのにもってこいなのは、広い駐車場である。一定の間隔で仲間とはなれ、整然と並んで働くようすが見られる。
写真の例では、区画の横方向の限界を表すものとして白線が、そして縦方向の限界としてタイヤ止めが機能している。タイヤ止めは、タイヤに対する物理的な障害としての役割以上に、視覚的に限界を誘導するという役割も大きい。

副業

なんと段差スロープとして働いている。これは興味深い例である。
タイヤ止めは高さがせいぜい10cmほどしかなく、車に勢いがついている場合など、間違って乗り越えられてしまうことは避けられない。そこで、最初からタイヤに乗り越えられることを前提とした設計になっている。メーカーのホームページでも、「乗り越えられても壊れない」ようすがビデオで公開されていたりする。
そこを逆手にとって、まさかの「乗り越えるための」段差スロープとしてのコンバートである。ただし、本業でない過酷な労働によって、一番左手前のタイヤ止めは本体が割れてしまっている。できれば補修しておだやかな余生を送らせてあげたい。

弱点

タイヤ止めの弱点の一つは、「目」にあたる反射板である。カエルの目のように反射板が突出しているタイプでは、タイヤに踏まれるとこのように割れてしまうということがある。とても痛そうだ。

オリジナル

御影石を使っていた駐車スペースの隣が、こんなふうにレンガをただ並べただけのタイヤ止めになっていた。これでもきっと駐車料金は同じだ。

境界標のなかま

小金井美和子
文・写真

土地と土地の境目を明確にするために地面に設置される標識。
測量士や土地家屋調査士が設置するものだ。様々な種類・形状があるが、境界標としての役割は同じ。素材によって境界石・境界杭・境界鋲など様々な呼び名がある。

NTTマーク入り

「静岡県」!
単純明快

杭

天然石やコンクリートで作られた杭。永続性があり、広く使われている。用途によりプラスチック製もある。

＋の交点が境界点

土地家屋調査士の紋章入り

新宿区章入り

プレート

市街地を中心に広く使われる。材質は真鍮・ステンレス・アルミなど。形もシールのように貼り付けたり鋲になっていたりと様々。

釘のような形の鋲。頭部の直径は15mmほど

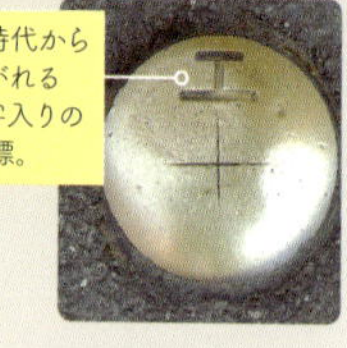

工部省時代から受け継がれる「工」の字入りのJR境界標。

鋲

地面に打ち付けて設置するタイプ。鋼製やステンレス製、真鍮製などがある。

横須賀市と暗渠

　横須賀市を歩いていると、なんということはない道路に「水路」の境界標が設置されていることがある。見回してみても水路らしいものは見当たらない。ここは、かつて川だった。現在は「暗渠」。川に蓋をして道路として利用されている場所だ。暗渠化してから50年近く、この水路は通行者たちに「道路」として扱われてきた。
　ここが水路だったことに気づく通行人は少ないかもしれない。地元の人もどのくらい覚えているだろうか。
　でも、市は「ここは今でも水路だよ」と言っている。
　姿形に惑わされずに、ずっと見守っていてくれた旧友のようだ。思わずジーンとしたよ。暗渠よ、よかったね。

NTT の前身・電電公社

かつての三公社五現業の流れを引く企業は境界標に独自の紋章を入れていることが多い。

東急電鉄の旧社章

いわゆる「大東急」時代にも使われていた社章だ。

鎌倉河岸（千代田区内神田）

ここにはかつて荷揚げ場があった。東京が水運の町だったことを今に伝える境界標。

渋界

昭和７年まで存在していた町・南豊島郡渋谷町の境界標。80年以上ここで土地の境界を示し続けている。

帝国海軍

「M」が二つ重なっているのは帝国海軍を表す記号。軍用地だった名残が今なお残る。

居留地界

かつて横浜に存在した外国人居留地の境界石。120年前、未知の土地へ渡ってきたイギリス人はこの石を見て何を思っただろうか。

デザイン

東京都北区章の一端がにゅーんと延びて境界点を示している。

境界標自体の構造にも着目したい。地面に埋まって測りづらくなることを防ぐため、境界点がある部分だけ面取りを施していないのだ。使い手のことを考えた工夫。東京都中央区。

素材

真鍮

これを外しては語れない。独特の質感、光沢。摩耗具合も素晴らしい。

御影石

手彫り文字が可愛らしい。

コンクリート

少し古いものには石に近い大きさの骨材がジャラジャラ入っていることも。

境界標に似ているもの

基準点

パッと見は境界標と同じように見えるが、xy 座標を持ち、測量の基準になる点。境界標もこの基準点から算出して設置される。いわば、境界標の親ともいえる。

基準点、と分かりやすく書いてあることも多い。ありがたい。

川沿いを歩いていると、河川の維持管理に使う基準点が見られる。

ハンドホール型（手を入れて操作する）も多い。中央は足立区の区章。この中に基準点がある。

水準点

基準点が xy 軸なら、これは z 軸＝高さを測るための点。基準点のなかまだ。しかし、境界標を設置するときに水準点を使うことはほとんどない。

ハンドホール型も多い。蓋を開けるとぽっかりと穴が空いており、底に水準点が埋設されている。

基準点や境界標と違って水準点にはポコッと半球がくっついている。これを見たら水準点だなと思ってよい。

BM、というのはベンチマークの略。測量用語で水準点のこと。パソコンの性能の基準になるベンチマークの語源だ。

明示杭

明示杭は、埋設物の存在や土地の性質を示すためのもの。座標を持っておらず、境界標とは赤の他人である。

下の水道管の曲がり具合を矢印で表現。

キャッツアイと呼ばれるタイプ。透明感があって綺麗。

急傾斜地崩壊危険区域を指定する明示杭。その土地ならではの明示杭といえる。

境界標の生態

設置場所

国が管理する道路、いわゆる2桁国道には国交省の境界標が設置される。境界標を見て、今いる場所が国道だと気づくことも。

壁際から離れた境界標。かつてはここまでが道路だったのを拡幅したのだろう。道幅の変遷がうかがえるのも愉しみの一つだ。

三井三池炭鉱にあった境界標。史跡境界なんて表示は現地でしか見られない。そのうち「世界文化遺産境界」にならないかしら。

こんな形で……

壁の真ん中に張り付く境界標。壁が斜めになっている時などに、こういうところに設置せざるを得ないらしい。測量士さんの苦労がうかがえる。

昔測量したところを測量しなおしたらズレていた、ということはよくあるようで。鋲に訂正されている境界石、少しばつが悪そうだ。

何かの事情で引っこ抜かれた境界標が、思わぬところに転職していることがある。彼に何があったのだろうか。心のなかでエールを送るばかりだ。

地味だけれど、観察者を選ばない多彩な魅力の持ち主

地籍調査界には「杭を残して悔いを残さず」という言葉があるそうだ。境界標が1本ないだけで隣との土地の境目が分からずトラブルとなり、裁判になることも多々。境界標とは非常に重要なやつなのである。その割に、本人は控えめだ。土地の端っこにちんまりと控え、あまり目立たない。

そんな彼らをじっくり観察してみると、これが実に面白いのだ。小さな体にあり余るほどの多彩な魅力があり、観察者のジャンルを選ばない。形も様々、矢印や市町村章の配し方なども多種多様で、デザイン好きの人も楽しめる。土地の境界を表すわけだから地図や歴史好きの人にもよい。もちろん筆者のような素材や市町村章萌えの人にもおすすめだ。境界標って、実は鑑賞対象としてパーフェクトな存在なんじゃないだろうか。

単管バリケードのなかま

単管パイプという鉄パイプを使ったバリケード。
支柱はアルファベットのAの形をしたプラスチックがよく使われるが、
このところは動物やキャラクターを模したものもよく見かける。

AJスタンド

Aの形をした典型的なデザイン。保安用品各社からAJスタンド、MAプラスチックスタンドなどの商品名で販売されている。

MAスタンド

支柱も鉄パイプ。支柱の重さが3～4kgもあり、単体で十分固定できる。MAスチールスタンドなど色々な名前で各社から出ている。

KYプラガードA型／八木熊

Aの形だが、なにか生き物っぽいフォルムでもある。プラスチックを中空成形した外骨格の構造なので頑丈。

ケロガード／八木熊

カエルである。下のパイプが体を貫通してしまうため、体に大穴を開けるというダイナミックなデザインになっている。

うさガード

うさガード、ラビット君などの名前で各社から販売されている。高密度ポリエチレンで中空成形されている。

キティちゃんガード／仙台銘板

体の中をパイプが貫通するわけにはいかないと思ったのか、キティちゃんが虹から顔を出すというメルヘンな仕上がりに。

セフティファースト／グリーンクロス

「工事でご迷惑をおかけしています」というふうにお辞儀している男性。夜中はヘルメット部分がピカピカに光る。

KY メッセージ バリケード頑張郎／八木熊

売上げの一部が東北に寄付されるという驚きのコンセプト。体に空いた穴の形のとおり、まさにハートフル。(写真:きしの)

犬型バリケード（名称不明）

犬の単管バリケードの中でもとくに可愛らしい。秋田で発見されているので、秋田犬がモチーフかもしれない。(写真：きしの)

ガチャピンバリケード／アシスト

レンタル限定品。忙しいタレント業なので、拘束時間当たりいくらの契約なのである。荒っぽい使い方をするとマネージャーに怒られる。(写真：きしの)

ムックバリケード／アシスト

当然ながらムックもいる。単管を固定するクランプの位置がガチャピンと同じなので、二人一組の営業で使うことも想定されている。(写真：きしの)

いるかガード／仙台銘板

いるかが波の上で跳ねている様子なのだが、重心を後ろに起きながら両足で立っているようにも見える。(写真:きしの)

新幹線ガード／仙台銘板

北陸新幹線の工事現場で使われた。E7 系の表現にスピード感がある。モチーフが動物でないのは珍しい。(写真:きしの)

道バリ／アシスト

北海道に本社を持つアシストが、工事現場から北海道を応援するという趣旨で制作。もはや何でもありだ。(写真：きしの)

単管バリケードのなかま

単管バリケードの図解

各部名称と役割

反射板
（うさぎの目と耳）

単管パイプ

スタンド
（うさぎの部分）

クランプ

全長 70cm～80cm

重さ 2kg～3kg

横幅 40cm～50cm

クランプ

スタンドと単管は
クランプで接続する

反射板

夜間に車のヘッドライトなどを再帰反射するようになっているものが多い。光が当たると右の写真のようにはっきりと光る。

単管パイプの直径は規格で48.6mmとなっている。そのためバリケードに付属するクランプも48.6mmに対応したものとなる。
道路の脇に置かれることが多いため、夜間でもドライバーが気づきやすいよう反射板がついていることが多い。キャラクターものの場合は、目の部分が反射板になっていたりする。
素材はプラスチックが多い

道路上の危険から人や車をガードする。しかも人当たりよく。

工事現場のように、車や人が侵入してはいけないところをガードするのが彼らの役割である。ときに車にはねられてしまうことも想定のうちだ。そういう場合でも壊れにくいように、また危険な形で壊れないように工夫されている。ガイドポストなどと同様、道路の最前線で働くものは、悲壮な覚悟を胸の内に秘めているのである。

ここから内側に入っては行けないというのがバリケードの役割だから、そこにはメッセージが添えられることも多い。「通路はこちら」「横断禁止」などの文言だ。そんなとき、単なるA型の支柱に言われるよりは、イルカに言われたほうがちょっとは和むということもあるだろう。最前線でみんなを守る存在でありながら、少しでも人当たりよくあろうと努める。彼らはそんな存在である。

単管バリケードの生態

出没地域

単管バリケードは主に工事現場に出没する。
そして一つの現場については単一の種が
群れをなしていることが多い。新宿駅南口はまるで
サンリオのテーマパークのようになっているし(左上)、
巣鴨駅北口はまるでうさぎに侵略されたかのようである(右上)。
倒しても倒しても向こうからうさぎがやってくるのだ。
彼らは単管によって連結され、一定間隔で並んでいる。
危険な現場に人や車が侵入しないように守ってくれているのだが、
たたずまいとしては何かこう、
「前へならえ」をしながら行軍をしているようにも見えてしまう。
ガチャピンとムックのように、二種類を一組で使うことを
想定されていることもあるが、これは稀な例だ(右。写真:きしの)。

無生物から生物へ、そして……

彼らは、もともとは単なる支柱以上の個性はなかった。
せいぜい、緑色か黄色かくらいの違いだった。
変化が現れたのはここ10年ほどである。突然、動物に擬態するようになったのだ。
殺伐とした工事現場を少しでも和ませる。
それが彼らに期待された役割だったのだろう。
サルやカエル、イルカなどあらゆる動物が登場し、いささか飽和状態になった。
そして彼らの進化の最新の潮流は、ご当地ものである。もはや動物ですらない。
北海道である。しかも外見がそうなのではなく、
単管を通す穴が北海道なのである。難しい。
しかし、これが潮流である。
単管バリケードはこれからもっと自由になっていくだろう。
彼らが進化していくようすを見逃さないようにしたい。

舗装のなかま

石川初
文・写真・イラスト

舗装は、人や車が通るところに現れる。地面を固くし、滑らかにしておくために何かの素材で土を覆うのが舗装だ。舗装材は「練り物系」と「敷き物系」に大きく分けることができるが、それに加えて「擬態系」というのもある。

練り物系

コンクリート舗装やアスファルト舗装など、現場で練って敷設し、固まって舗装になるタイプのもの。砂利舗装を「練り物」とは普通は呼ばないが、アスファルト舗装（正確にはアスファルトコンクリート舗装という）はもともと砂利が飛散しないようにコールタールで固めたのが始まりであり、砂利舗装に近いのだ。

敷き物系

別の場所で作られた適度な大きさの固い物を持ってきて並べるタイプのもの。自然の石と、コンクリート製品が多い。車の交通にはあまり適さないので、歩道などによく使われる。木デッキもこの仲間だ。

擬態系

舗装には時々、「何かのふりをしている」ものがある。土や石のふりをしたコンクリート舗装、石やレンガのふりをしたコンクリートブロック舗装など。擬態系の舗装からは、私たちが無意識に街の地面に望むものが透けて見えるようだ。

アスファルトコンクリート

最も普及している舗装。アスコンともいう。あらゆる場所に使われている。性能も値段もこれに代わるものは出てきそうにない。

カラーアスコン

アスファルトコンクリートに顔料を混ぜて色づけした舗装。カーブの注意喚起などに赤い舗装が使われる。

コンクリート

コンクリートの表面に落ち葉の形のスタンプを押したデザイン。バンクーバーで見かけた。

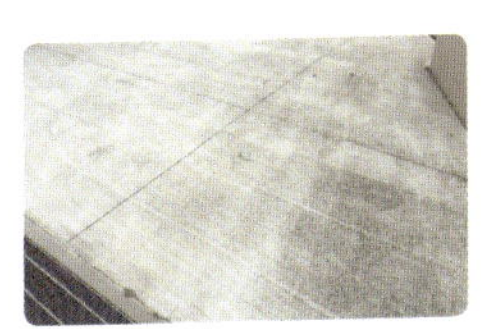

コンクリート

コンクリートはひび割れを防ぐために一定の距離ごとに構造を切り離して目地を入れる。目地が模様になっていることもある。

半たわみ性アスコン

バス停などで車両の重量に耐えるためアスファルト舗装にセメントミルクを注入して剛性を高めた舗装がある。色で判別がつく。

透水性アスファルト

表面がざらざらして肌理が粗い場合、透水性アスコンであることがある。雨水を通すので水たまりができない。

コンクリート

アスコンは柔らかいので、自転車のスタンドで凹んでしまうため、駐輪場には固いコンクリートが適している。

真空コンクリート

勾配の急な道路は滑り止め模様のついたコンクリート舗装が多い。打設の仕方によって真空コンクリートと呼ばれるものがある。

石敷き

丸い石を敷き詰めた装飾的な舗装。ボストンで見かけた。

レンガ

レンガの表面に見える小さい穴は、雨水の浸透用である。

敷石

厳密には「舗装」ではないが、東福寺の庭の敷石。重森三令という作庭家による、現代的なデザインの日本庭園の一部。

敷石

路面電車の線路敷きに厚い御影石が敷いてある。都電の敷石は廃止後に路地などの舗装に転用され、一部はいまでも見られる。

コンクリート平板

コンクリートに混ぜた砂利の色を生かしたプレキャストコンクリート平板による舗装。

平板とブロック

舗装の色を貼り分けて、通路とポケットパークの領域を示している。

自然石

黒っぽいグレーの花崗岩を50センチの板に切って、敷き並べた舗装。樹木の足元だけ土を確保して見せている。

自然石

真ん中だけ自然石の敷石を並べて、お寺の参道を強調している。場所は深大寺。

自然石

花崗（かこう）岩は他の素材と比べて固く、車道にも使われる。大判だと割れることもあり、重くて施工も大変なので、小さな石を並べるやり方が多い。

自然石

歩道に使われている花崗岩の敷石。10センチ×20センチの石のブロックが使われている。風情はあるが、歩きやすいわけではない。

自然石

個人の家の駐車場に使われている大谷（おおや）石。

自然石

マンションのエントランスを象徴的に見せるための石舗装。

タイル

タイルだけでは舗装にならないので、下地にコンクリートが使われる。コンクリートの目地がタイルの貼り方にもあらわれる。

インターロッキングブロック

コンクリート製の10センチ×20センチのブロック。歩道の舗装として非常にポピュラーなタイプである。色も様々なものがある。

インターロッキングブロック

表面に細かい砂利をあしらった、「素材感のある」タイプのブロック。これは、後から黄色い誘導サインが加えられたもの。

タイル

タイルはデザインの幅は広いが舗装としては丈夫ではないので道路には少なく、ビルの前などに使われていることが多い。

敷石の文字

ピンコロと呼ばれる、10センチ角の花崗岩を敷き並べた車道に、一旦停止と通行方向を示すサインが描かれている。敷石の上にペイントしても剥げてしまうので、白い花崗岩で文字を作っている。お金と労力をかけた交通サインである。

最低限の舗装

個人邸の前庭の駐車スペース。車のタイヤが乗る部分だけ、自然石が敷かれている。駐車スペースを示すサインは何もないが、この大きさと間隔によってこれが自家用車のための場所であることがわかる。

タイル

アクセントにピンクがあしらわれたタイル舗装。これは花崗岩の素材感を真似たタイプのタイルである。

インターロッキングブロック

多くのコンクリートブロックはまだアースカラーであり、それは土やレンガのふりから完全に脱却できないことを示している。

インターロッキングブロック

インターロッキングブロックは、クッションとして砂を使うため、敷設したばかりの歩道にはこの砂がこぼれていることがある。

自然石

植栽とインターロッキングブロックの斜面に黒い石を水平に置いて階段にしているデザイン。

木デッキ

木デッキはその下にコンクリートの床があり、そこへ雨水を落とす構造なので、屋外でも部屋の床のように水平に作ることができる。

ゴムチップ

児童公園の遊具の周りに安全のために敷かれた、細かいゴムチップを固めた舗装。

舗装のなかま

舗装の図解

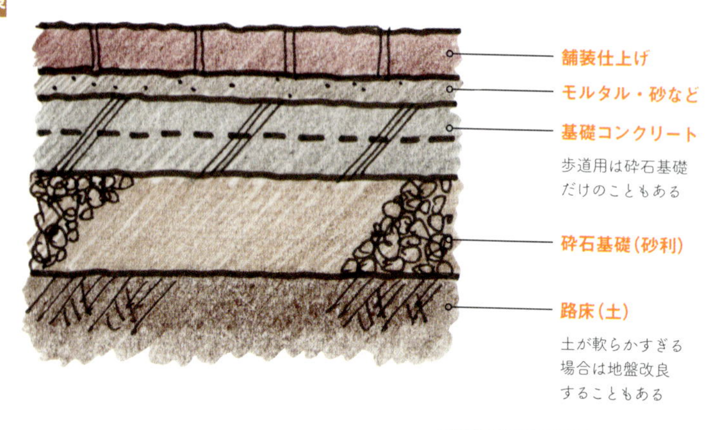

舗装の露頭。駐車場の果てるところに見る、舗装仕上げから砕石基礎までの層。

街の地面をつくる、地の下の力持ち

舗装の本体は地面の下に隠れている。私たちが街で見かける舗装は、表面の仕上げに過ぎない。そこを通るものが何であるか、重さや頻度や数などによって、舗装の構造が決まる。その構造は、舗装仕上げを支える下地のコンクリートの厚さやその下の砂利基礎の厚さ（路盤という）、さらにはその下の土壌改良（路床という）などにあらわれる。それらは地面の下に埋まっていて見えない。交通量の多い道路に敷かれたアスファルトは地面では平静を装っている（平滑を装っているといったほうがいいかもしれない）が、地表の仕上げの下には分厚い構造体があって、道路を支えている。

舗装の生態

地面を覆って固める

街では、地面が土のまま放っておかれることがまずない。土埃や雑草などの「コントロール不能なもの」の存在は、街では嫌われる。土は素早く舗装で覆われる。仮設の舗装にアスファルトが多く使われるのは、安価であることと、敷いてから早く使えるためだ。

ルールを示す

文字が書かれたり、色分けがされたり。街の舗装は地面を固くするだけでなく、地面の上のいろいろなルールを示す媒体にもなる。道路には交通ルールが書かれるし、色や素材の分け方で敷地境界や管理区分が示されたりする。

水を流す

街の地面を平たく、そして乾かしておくことも舗装の使命の一つである。降った雨は素早く流し去る。舗装によっては雨水を浸透させて地面に返す仕様のものもある。

舗装の交代

舗装にも寿命がある。敷石やブロックは使われるうちにはがれてしまい、アスファルトやモルタルで埋められたりする。アスファルト道路も永続的なものではない。使われなくなり、維持管理がされなくなると、隙間には雑草が生え、ペイント文字ははがれてしまう。常に新しい部品に取り替えられ続けるのが街の舗装である。

縁石・排水溝のなかま

石川初
文・写真

敷地の境界や道路の舗装の縁、舗装と植栽の土の間など、ともかく何かの「端っこ」を押さえるところに縁石は出現する。また、「あぶり出される境界線」（64ページ）で見るように、排水溝もよく敷地の「端っこ」に現れ、しばしば縁石とセットになっている。

L字側溝

道路の端などにあって縁石と排水を兼ねた、最も一般的な側溝。プレキャストコンクリートが多い。

L字側溝

通常は高さ10cmだが、人や車が横断する箇所は段差を低くしてあるタイプがある。

L字側溝

道路工事中で敷設前のL字側溝。断面を見ると、まさにL字であることがわかる。

グレーチング蓋

金属製の側溝の蓋。雨水を通すために格子蓋になっている。これは最も簡易な、歩行者用のもの。

グレーチング蓋

車両が横断する部分の格子蓋はボルトで固定されている。下の側溝のコンクリートも厚い。

グレーチング蓋

車両用のタフなタイプで、鋳鉄製の格子蓋。この蓋自体も重い。

V字側溝

舗装の真ん中で水を集めるタイプの排水溝。広場や駐車場など広い舗装の中にしばしばある。

スリット側溝

排水溝の蓋を細くして目立たなくしたタイプ。きれいだが、隙間から物を落とすと拾うのが大変。

化粧側溝

排水溝の蓋の仕上げを舗装と合わせたデザイン重視のタイプ。水は蓋の横の金属スリットから入る。

地先境界ブロック

最も一般的でよく見かけるプレキャストコンクリートの縁石。幅10cm、長さ60cm。

地先境界ブロック

縁石は民有地と道路の境によく置かれる。それぞれの舗装のグレードの差が際立っている。

地先境界ブロック

自然石を使った境界ブロック。レンガ舗装の化粧側溝とセットで置かれたゴージャスなタイプ。

入り組んだ縁石

道路や農地の境界が入り組んでいることをうかがわせる、何本もの境界縁石。

植栽と歩道の縁石

歩道の舗装の端を支える縁石が、植栽地の土との境を作っている。

歩車道境界縁石と街渠

歩道と車道の間の縁石を歩車道境界縁石といい、現場打ちのコンクリートで作った側溝を街渠という。

街のルールを守る丈夫な線

街の地面にあるもののうち、最も丈夫に作ってあるものは舗装ではなく縁石である。縁石は境界線を示すために敷設されるが、街では敷地の境界が最も大事なルールである。だから縁石にはよく、舗装とは構造を別にした、けっこう深くてゴツい基礎が設えてある。道路のアスファルトや歩道の舗装ブロックなどが陥没したりめくれたりしていても、縁石だけが真っ直ぐ残っていることが時々あるが、これはそのためである。

縁石の使命は「動かない」ことだ。道路の工事の際に最初に設置されるのは縁石や側溝である。道路の両端に縁石と排水溝が置かれ、その間を埋めるようにアスファルトが敷かれる。縁石や側溝は見えない境界線をモノとして見せ、舗装の端を止め、水を集めて流し、街の土地の区分けを頑なに守っている。

マンホール蓋のなかま

小金井美和子
文・写真

道を歩くとたくさん見かけるマンホール。
man（人）が入るhole（穴）だからマンホールだ。日本語では人孔（じんこう）という。
手を入れて操作するものはハンドホールと呼ばれる。

マンホール蓋のなかま

マンホール蓋の図解

各部名称と役割

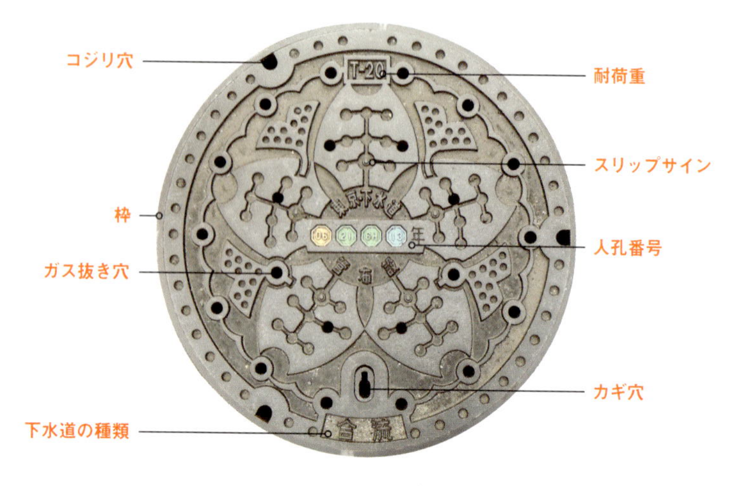

※東京都23区型下水道用マンホール鉄蓋の例

直径：一般的なマンホール蓋は直径60cm。
用途によって30cm・90cm・120cmの蓋もある。
用途：下水管のメンテナンス。60cmの孔からは人が入り、
30cmの孔からは小型機械を入れる。
90cmや120cmの孔は大型機械搬入用。
素材：ダクタイル鋳鉄（FCD）・ネズミ鋳鉄（FC）・
鉄筋コンクリート・プラスチック等
重さ：下水道用60cmの鉄蓋で約40kg。

下水道

生活排水などを下水処理場に、雨水を川や海へ流すための下水管。そこへアクセスするための蓋。マンホール蓋鑑賞界の花形だ。下水道には合流式と分流式がある。

非常に一般的な蓋。JIS型という。1958（昭和33）年に下水道マンホール蓋の規格が決められた際、参考につけられた図がこの模様だったのが由来。

穴がたくさん空いている雨水仕様の蓋。左のJIS型と模様の凸凹が逆になっている。これを愛好家たちは「裏JIS」と呼んでおり、筆者はこれが大好物である。中央は川崎市章の中心に「下水」。

親子蓋。蓋が二重になっているタイプだ。人が入るときは小さい方の蓋を開け、大型機械を入れるときは大きい方の蓋からいっぺんに開ける。

景観に合うようにインターロッキングブロックで化粧を施された例。化粧蓋と呼ぶ。中央は横浜市環境創造局のキャラクター・だいちゃんである。

突然のゲリラ豪雨の時などに蓋が吹き飛んでしまうことを防ぐため、空気を逃す飛散防止タイプの蓋。中には空気弁が内蔵されている。

コンクリート蓋は鋳鉄製ほど強度が高くなく重いので、マンホール蓋は鋳鉄製が主流。中央は茨城県の旧県章。

上水道

水道の蛇口まで水を届ける道。歩道では水の流れを制御する仕切弁や制水弁、止水栓の小蓋をよく見かける。

仕切弁は水道配管の各所に設置されているバルブのこと。水道管が破損した時などにそこで水を止め、別ルートで配水できるようにする。

小さな蓋だけでなく、大きな蓋もある。これは水道管内に溜まった空気を抜くための空気弁の蓋。

水道管内を掃除するための弁。配管の端に開放弁がついていて、水を勢いよく出して泥を吐き出させる。消火栓と兼用することもある。

ガス

ガス会社が地域によって多岐にわたるため、旅行をしたとき非常に楽しめる。
ガス蓋は字体やデザインが可愛らしいものが多い。

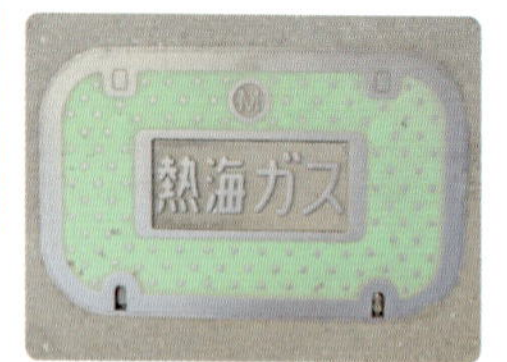

熱海ガスの蓋。このように、ガスの蓋は緑色に着彩されていることが多い。

漢字では「瓦斯」と書く。漢字表記の蓋もまだけっこう残っている。右から左に書かれていることからも、古い蓋であることが予想できる。

「電防」とは電気防食のこと。ガス管が腐食してガス漏れなんか起こしたら大変なことになる。そこで微弱な電流を流したりマグネシウムなどの陽極を埋設したりして腐食防止を施すのだ。

電気

建物や街灯、信号などに電力を供給するための電線。
一般的に鉄塔で送電される高圧電線も、都市部では地下に埋設されている。

「電気っぽい地紋」にも各種あり、写真の地紋も電気系の蓋によく使われる。中央は九州電力のマーク。

都立公園に設置される蓋。都の鳥ユリカモメ・都の木イチョウ・都の花ソメイヨシノが描かれている。23区共通の桜と同じコンセプトだが、かなりイメージが違う。

横断歩道付近の地面では、こんな蓋が目に入るはずだ。Kは信号を管理している警察庁のK。「警」「警察」と書いてある蓋もある。ブツブツは歩道用の滑り止め。

通信

埋設されている通信ケーブルメンテナンスのための蓋。

NTTの蓋。Tの字が組み合わさった地紋はTelephoneとTelegraphの頭文字で、NTTの前身である電電公社時代に採用された。

丸い蓋もある。中央は国土交通省の前身である建設省の紋章。T字地紋は通信系の蓋によく使われるため、「建設省の通信ケーブルが入っているのかな」と推測することができる。

通信事業者の蓋。電話はもちろん、データ通信、ケーブルテレビなどさまざまな会社のロゴマークが見られる。

消防水利

火事を鎮静するための消火栓。雪が降る地域では地上式を用いるが、雪が少ない地域では専ら地下式だ。
消火栓の蓋は分かりやすいように黄色系に着彩されている。

消防車の絵が描いてあることも多い。タイヤに入っている東京都章で、ここが東京都であることがわかる。

横須賀市上下水道のキャラクター・アクアン。ポンプ車で地下の防火水槽から水を汲み上げている様子だろうか。しかしこれは消火栓の蓋である。気になってムズムズする。

消火栓看板のポールには、消火栓蓋がどちらの方向何mにあるかを示す矢印がついている。筆者はこれを見かけるたびに蓋の位置が正しいか確認してしまう。

測量系

様々な測量を行うための基準点や水準点。
町中でハンドホールに入っている姿を見かけることがある。

「BM」はBench Mark、水準点という意味。中央は東京都港区の区章。

独特のデザイン蓋も多い。これは水準儀を覗き込んでいるイラスト入りの水準点の蓋。今はなき建設省表記なのも要チェック。

杉並区オリジナルのデザイン基準点の蓋。二級水準点を見つけるのは至難の業、という噂がある。

汎用蓋

公道ではなく建物の敷地内に使われる汎用蓋も、「汎用」なのに、メーカーごとに個性豊かで楽しい。

IGS・伊藤鉄工の蓋。ロゴと会社名が両方書いてある蓋は「ロゼッタストーン蓋」と呼ばれ、マンホーラーに重宝がられている。

ダイドレ株式会社の蓋。ダイヤ型の地紋も可愛く、マークも可愛い。このマークは石灯籠を模したトーロー印といって、大正12年の創業時からあるらしい。

株式会社西原ネオの鉄蓋。ものすごいインパクト。斬新なデザインに惹かれ、ファンも多い。

マンホール蓋のここがステキ

地域性に富んでいる

一番最初に「普通の蓋」としてJISを紹介したが、「普通の蓋」といっても地域によって違う。例えば京都は①のような蓋が普通らしく、歩くとそこここにある。筆者は関東人なので、京都を訪れたときは異世界感がものすごかった。

温泉地に行くと、「温泉弁」というものがある。②は熱海で撮影したもの。普通の民家の前にもたくさんあった。自宅に温泉を引き込めるのだろうか。羨ましい限りである。

③は丸の内熱供給株式会社の蓋。丸の内や青山などの地域冷暖房を行っている会社だ。ご当地マンホール蓋といえばデザイン蓋が人気だが、これもこのエリアでしか撮れない蓋といえる。地味だけれど、ご当地マンホール蓋として誇りを持ってほしい。

字体に注目

一昔前は、マンホール蓋を作るための鋳型は木に手彫りするのが当たり前だった。そのため、少し古い蓋は字体が個性にあふれていて大変楽しい。④の「aaa」という字は最近の蓋では使われないため、見つけるとワクワクする。

⑤は、有無を言わさぬ勢いと少し心許ない字体の組み合わせ。人生に余計なものは要らないんだよ、と教えてくれるような蓋だ。

⑥は横浜市水道局の蓋。なぜ送り仮名をつけたんだろう。一文字一文字が愛らしいが、中でも「り」が愛しくて仕方ない。

質感を愛でる

鋳鉄。甘美な響きである。さらに摩耗・劣化した鋳鉄となれば浮かれないわけにはいかない。上水道関係の蓋は摩耗の宝庫だ。⑦はその一例。ネズミ鋳鉄製ならではの独特な質感が素晴らしい。

古い鉄蓋もよいが、古いコンクリート蓋⑧もよい。大きな砂利がこれでもかと混ざっていることがあるのだ。砂利混具合が私の好みドンピシャだと「分かってるねえ！」と言いたくなる。紋章は東京府のもの。

⑨は古いガス蓋。瓦斯の「瓦」だけで用途を知らせる潔さ。凛とした姿からは歴戦の勇者の風格が感じられる。

水柱を上げて、ゲリラ豪雨でも安全を確保

頻発するゲリラ豪雨。そんな時 Twitter や Facebook を眺めていると、「マンホールから水柱が上がってる！」という報告をよく見る。しかし、その現象はあえて起こしているもの。水柱は上がって正解なのである。

通常マンホールの蓋は枠にしっかりはまっている。蝶番と鍵で固定され、ちょっとやそっとでは開かない仕組みだ。でもゲリラ豪雨などで管渠内が水でいっぱいになってしまうと一大事。水圧で管に負担がかかり、破裂してしまうこともある。マンホール蓋が水圧で開いてしまうと人が落ちる恐れもあり、大変危険だ。

そんな被害を防ぐため、最新式のマンホールの蓋には安全装置が備わっている。水圧がかかると少しだけ蓋が浮き上がり、噴水のように水を放出するのだ。さらにすごいのが、水圧が弱まると浮いた蓋が元通りにぴったり閉まるということ。ぴったり閉まらずナナメになると、上を車が通った時に事故の原因になるからだ。

浮上防止蓋を設置するかどうかは場所によるが、現在のマンホール蓋は耐重量から枠への設置方法まで細かい規格が設定され、それをクリアした蓋だけが出荷されている。災害時でなくとも、マンホールに落ちることを心配せずに道を歩けるってスゴイことだ。

ただ、水柱が上がるような場所は他より低いことが多いため、他の危険も潜んでいる。水柱の上がるマンホールを見ても近づいたりせず、安全な場所に避難してくださいね。

メーカーでも
浮上試験を行い、
精度を確認している

実際に車に
踏ませる
試験も行う

マンホールの生態

タイル違い

化粧蓋に降りかかった悲劇。せっかく今まで道と同化していたのに、舗装が変わったことでかえって目立ってしまったのだ。

ぽつんと取り残されてしまったり、施工者が何とか以前の舗装に似せようとした努力の跡が見えたり。かなり思い切って周辺の舗装が変わった場合は、蓋も吹っ切れたような顔をしている。

蓋庭

雨のあとに散歩をすると、蓋の隙間に苔や草が生えていることがある。健気に伸びようとする小さな緑にほっこり。「蓋庭」や「すきまネイチャー」と呼ばれ、愛されている。

狭い隙間に苔がみっしりと生えている様子は見ていて心地がよい。一方、割れた蓋に緑が繁ると少し退廃的な蓋庭に。しかし、周辺の土の範囲が大きいと「ほっこり」では済まなくなることもある。

ギラるマンホール蓋

蓋写真の撮り方は様々あれど、筆者のイチオシはギラリ蓋である。光を受けてギラリと光る姿は何とも美しい。

文字や紋様がくっきり浮かび上がり、金属の質感がいっそう増して、最高にクールなギラリ蓋。夜は車が通るのを待ち構えてシャッターを切るのがおすすめだ。かなり怪しい人に見られるが、負けてはいけない。成功報酬は大きいぞ。

マンホール蓋から歴史を覗く

マンホール蓋から歴史を覗くには二つのパターンがあると思っている。一つは「骨董蓋」。
昔の蓋がそのまま残っている例だ。昔を知ることができる貴重な文化遺産である。
もう一つは「デザイン蓋」。過去の出来事が現代人に受け継がれている例。
これからもしっかり伝わっていくんだろうなあと、見ていて安心できる。

骨董蓋

何かの偶然が重なると、マンホール蓋が交換されずに残ることがある。これは旧品川町の蓋。昭和7年に消滅した町だ。摩耗したネズミ鋳鉄の質感も味わい深い。

燈孔蓋。直径30cm程度の小さい蓋だ。燈孔は大正末期から昭和にかけて、下水管内を点検する人のためにランプを吊るす目的で設置された。もちろん、現代ではもう設置されることはない。

デザイン蓋

埼玉県のマスコット・コバトン。モデルのシラコバトは江戸時代に海外から持ち込まれたといわれる。それが日本のお家芸でキャラクター化され、いまやマンホール蓋のデザインになっている。これぞクールジャパンだ。

描かれているのは都電荒川線の7500形電車。平成23年に運転を終了した車両だ。こうして歴史の一部が切り取られ、まちの片隅に残っていく。

路上にある進化図

マンホール蓋は常に相反する働きを求められてきた。しっかり閉じてガタつかず、しかし開けたいときはすんなり開くように。雨に濡れても車も人も滑らず、しかしタイヤを削らず、転んで手をついても怪我をしないように。重量を減らして、しかし強度は増すように。

そんな要望に必死に応え、マンホール蓋は進化してきた。しかし、ガタつかなくても滑らなくても通行人に褒めてもらえることはない。一方、蓋が割れたり滑ったり、ゲリラ豪雨で蓋が吹き飛んだりすると注目と非難の的となる。マンホール蓋は人に意識されないのが一番よい状態なのだ。なんて不憫なのだろうか。

いまは非常にいい時代だ。技術の粋を集めた最新型の蓋はもちろん、明治のものと思われる古蓋まで各時代の蓋が路上にある。現存する進化図を鑑賞し、蓋の頑張りに拍手を贈ろう。

井戸ポンプのなかま

柏崎哲生
文・写真

井戸を見つけること自体が楽しい。宝探しみたいな感じだ。
周りの風景からは、「人々の暮らし」を勝手に想像して情緒を感じることができる。
そして色々な形があってびっくり。トレードマークもさまざまだ。

井戸ポンプのなかま

井戸ポンプの図解

各部名称と役割

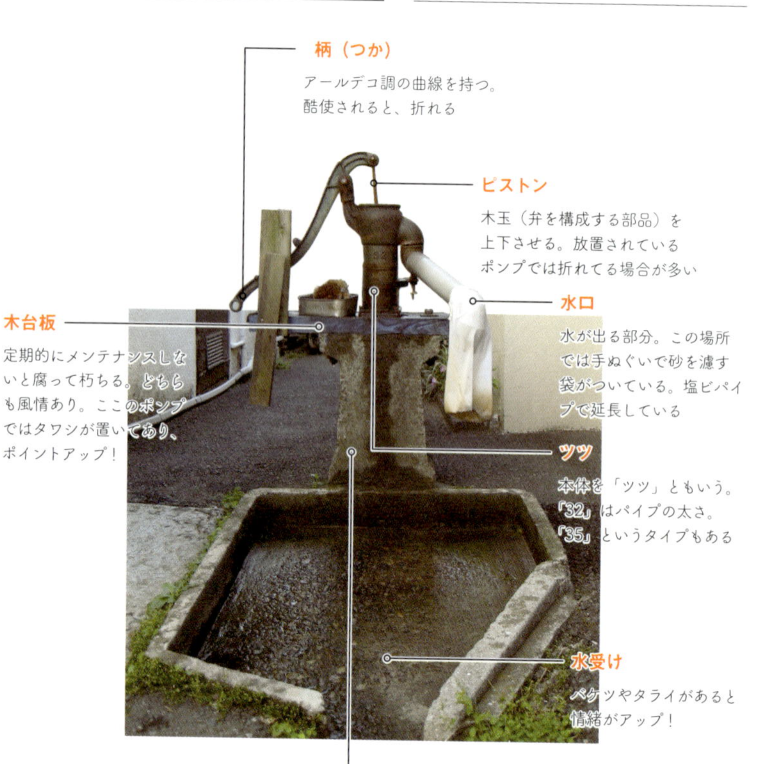

井戸ポンプのなかま

ドラゴン号／川本製作所

このようなゴツイ形のものは、横のバルブで調節するとホースをつけて水撒きにも使えるのだ。

サンタイガーポンプ／慶和製作所

ドラゴンとタイガー。龍虎相打つ感じがたまらない。ライバル関係と私は思っている。

共柄ポンプ／東邦工業

王道といえる懐かしい形のこのポンプは、東邦ポンプの物が元祖。

大黒号

姉妹品に「弁天号」というのがあるようなのだが、いまだ情報なし。

ZO-Ⅲクリアタイプ／おかもとポンプ

子供が触れられる学習用設備のため内部が見えるよう外の箱がスケルトン。

津田式二連ケーボー号

戦時中市民の命をつないだ。福岡で「おポンプ様」と呼ばれ保存されている。

下に球体型

ツツの下に水が抜けにくいよう球体がついている。特許取得済み。メーカー判別不能。

シーソー型ポンプ

二人で漕げるので疲れない。ギッコンバッタン。

井戸ポンプの生態

井戸ポンプは、みんなに大切にされている

左写真の右下に見える丸いコンクリートの物体は井戸の跡。
右、ポンプはなくてもバケツで汲むのだ。

年越しのお飾りも

冬には藁にくるまれたり、
お供えもされる。
井戸は大事にされている。

「懐かしい形」も一社からはじまった

かつては炊事洗濯と生活の中心にいた井戸ポンプだが、現在は就職難が続いており、花形は路地裏ガーデニングへの水やり、子供の遊び相手。多くのポンプは無職であり、隠居生活を送っている。ひっそりと路地裏に残り、鋳鉄で作られたボディは緑色・青色に塗られていることが多い。

この、いわゆる「懐かしい形の井戸ポンプ」は東邦工業株式会社が作ったもので、従来は柄の部分が木製だったものを、一体鋳造したのが始まり。共柄型のポンプとなった。他社もこのポンプをまねて作りはじめ、この形がスタンダードになった。そのため東邦工業株式会社のポンプでも他社製品のパーツで代用が利く事態になってしまった。

井戸ポンプは懐かしさだけでなく、電力を必要としないため、災害時にも役に立つ。阪神大震災時にその役割を見直され、以降、公共施設には井戸ポンプを新設していく流れができている。近年設置された新しい井戸ポンプとともに、人と暮らしを支えて親しまれてきた古い井戸ポンプも、これからも残っていくのだ。いつまでも。

トレードマーク

井戸ポンプのトレードマークはたくさんある。オリジナルを模倣(型取り)鋳造していったケースもある。海賊版だ。全国各地の鋳造所で無数の井戸ポンプが生まれ、その数だけトレードマークが誕生した。小さな鋳造所はもはや残っておらず、メーカー不明な物ばかりだ。井戸マニアからすると、数知れないトレードマークは収集欲をそそるが、上限が不明で果てしない。

川本ポンプ。名古屋市中区大池町で「川本製作所」は創業された。川本の字を巧みにデザイン。

慶和製作所。よく見るマーク。トレードマークの作りが甘いが、その分古びが出やすい。

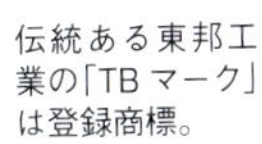

伝統ある東邦工業の「TBマーク」は登録商標。

村井産業製の「カネヨ」。歩いて歩いて、やっと見つけた。メジャーなのだが。

井戸探しのすすめ

千や二千じゃ収まらない。あなたの街でも見つかるぞ

井戸ポンプを見かけると、郷愁をかられるというか、じんわりとくる感覚が少なからずあろうかと思う。テレビドラマを始め、映画のスクリーンの片隅にも、アニメの一場面にも、井戸ポンプは懐かしさを感じさせるアイテムとして使われている。一度気になりだすとよく目につく。そんな井戸ポンプだが、現実に今日、この日本に、しかも東京の都心にもたくさん残っているのだ。

ぼろぼろになりながらも存在感を示す文京区の井戸ポンプ

きっと、大冒険になる。井戸ポンプを探そう！

都市部にも時間が止まったかのような空間がたくさんあり、井戸ポンプも取り残されるかのように存在する。だれも知らないような細い路地を分け入ったり、住民の方に聞いてみたりと、RPGをリアルな町で楽しむような感覚になれるのだ。

井戸探しは角を見つけたら曲がり、路地を見つけたら入り込み、どんどん薄暗い方に向かって入り込んで行き、苔の匂いを嗅ぎ、湿度を肌で感じながら……というのが定石。路地裏といっても特殊な場所じゃなく、どこにでもあるのだ。東京でも大通りから二本くらい入ると、一気に路地裏。そこでは、まるで一歩毎に1年くらいタイムスリップしていくかのような、不思議な感覚に襲われる。

たまに、ドキッとするような井戸がある。左の写真は雑司ヶ谷にあった石積みの井戸。

……と、思い込んでいると、なんと大通りにも!!

右の写真のように、バス停の横にもひょっこりあったりする。ありそうだけれどない。なさそうだけれどある。そういう点も井戸ポンプ探しの魅力の一つなのだ。

新宿区の幹線道路にある井戸ポンプ。

好きだ！　春夏秋冬。晴、雨、曇り。朝も昼も晩も

井戸ポンプ観察の魅力といえば、「周囲の風景との融合、調和」である。

冬は雪。

東京では道路に積もるほどの雪は珍しい。しんしんと降る雪はアスファルトを隠し、そびえ建つ高層の建物を隠す。その裏から古い東京の街並みがじわじわと浮かび上がってくる。常に翌日の天気を気にしていないと絶好の井戸感動を味わうことはできない。

秋は紅葉、澄んだ空。長い影。

秋は日が傾くと路地裏にはあまり日が当たらない。ぼやっとした明かりの中にたたずむ井戸ポンプ。紅葉の赤や黄色の葉に埋もれた井戸ポンプもまた格別だ。

春には花も。

井戸ポンプは水と関係が深いゆえ、花との相性もよい。柔らかな花弁と鋳鉄のボディの対比が双方を高めているともいえる。花との組み合わせのアングルを探して撮影をするのだ。

夏は、陽と水。

個人的にはもっとも井戸ポンプが似合うと思う季節。鋳鉄のボディが夏の日の焼けつくような光で、はっきりと存在感を主張してくる。

柄を漕いであふれる水で顔を洗ったりするとなんともいえない。東京都心でもわずかながら飲用できる井戸もある。そういった井戸に巡り合えたら口に含んでみるといい。アスファルトに覆われた東京だが、地下にしっかりとした自然の息吹を感じることができる。

写真の井戸は東京豊島区雑司ヶ谷。池袋駅から 1km も離れていない場所で飲める井戸水が出るのだ。

あぶり出される境界線

石川初
文・写真

1 常設と仮設

街中には、動かせるものと動かせないものがある

街にはいろいろなものが置かれている。大きさも素材も様々だが、置かれているものにはそれぞれ作った人の意図が託されている。ひとつひとつの意図を正確に読み取ることは難しいけれども、ものの様子によって、そこに込められた思いの一端を推測することはできる。たとえば、常設／仮設という切り口だ。置かれたものがいつまでもそこに存在することが目論まれているのが常設、一時的にそこにあればよく、用が済んだら片付けてしまうことが予定されているのが仮設である。つまり常設／仮設とは、設置した人がものに込めた寿命の長短の

常設／仮設の素材

常設は鉄やコンクリートで頑丈に作られ、
仮設はプラスチックや布のような軽いもので
作られていることが多い。

「個」の拡張としての仮設

道路に置かれる多くの看板は仮設だ。
仮設であることで、道路の勝手な占有が
あくまで一時的なものであることを示している。

仮設の高さ

仮設物の多くは人の手が届く高さにとどまっている。高い位置にある看板や装置はほとんど常設だ。街の常設／仮設は地面から2mくらいの高さを境にして分かれている。

お知らせの射程距離

常設物はより遠くの人へ知らせ、仮設物はすぐ前の人に語りかける看板であることが多い。常設／仮設は「お知らせの射程距離」としても現れる。

差である。

　信号機や電柱、道路標識やガードレールなどは常設として作られている。看板や幟（のぼり）、張り紙などの広告は仮設だ。常設は公共物であることが多く、仮設は私的な設置物が多い。常設物は工場で作られ、機械で設置された様子をしているが、仮設物の多くは細い木材や針金やひもを使って手作りで留められている。街の仮設物は常設の施設がカバーしきれない隙間を埋めて補完しているかのように見えるし、誰かが建設した街の空間とそこに生活する人々とを結びつけようとしているようにも見える。

2 重力が支配する

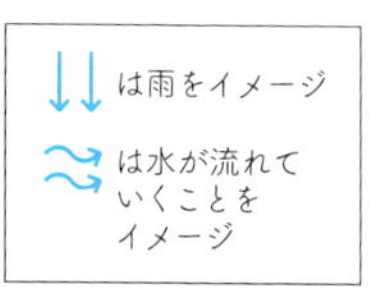

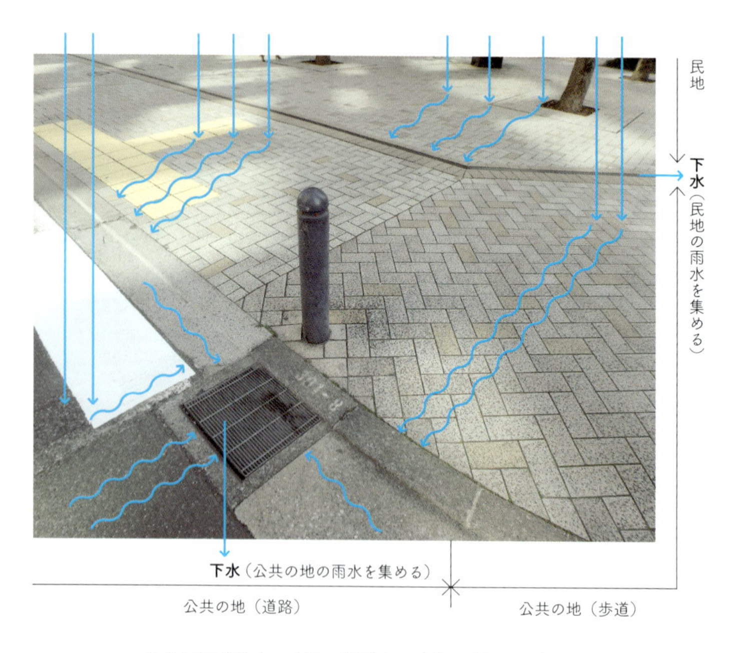

街中は雨が他人の土地に迷惑をかけないようにできている

街の地面はどこも、必ず誰かのものだ。すべての地面の所有者・管理者が決まっていて、その境界線がはっきりと示してあること、それが都市の特徴である。都市化するとは土地をそのように区切ってゆくことだ。

境界線はルールである。最大のルールは、境界線を勝手に行き来してはいけないということだ。言葉が通じる相手であれば、越境のコントロールは言葉でできる。「無断立ち入り禁止」というような看板が典型的だ。だが、話が通じない相手もある。たとえば植物である。植物は敷地境界線を無視して伸びてしまうし、落ち葉や花びらを飛ばしてしまう。話の通じない相手には実力行使に出るしかない。そこで、隣地や道路にはみ出した木の枝は切り落とされる。

最も話の通じない相手は雨水である。雨

越境植物

敷地境界を無視して伸びる植物は刈り込まれる。刈り込みの強さや、越境が許される緩さは、刈り込む人の境界線への意識の強さや緩さの表れである。

どう流れる？

雨が降ると水は周囲より低い排水枡に向かって集まってくる。こういう桝はスリバチ地形の底であることを示している。

かまぼこ地形

舗装された地面には雨水を流す水勾配がつけられている。水を素早く流し、地面を乾かして、降った雨を「なかったことにする」のが舗装の使命だからだ。道路は両側の端に向けて2％の勾配がつけられているため、ゆるいかまぼこ形の断面をしている。

地震進入禁止

このような、金属のエッジのついた幅の広い蓋があった場合、その建物は免震構造である。建物はゴムの上に乗っていて、蓋は地盤と建物の間の大きな溝を塞いでいる。この場合、境界線が遮断しているのは雨水ではなく「地盤の動き」である。

はその土地が誰のものだろうとお構いなしに降ってくるが、その土地に降った雨水はむやみに外へ流さず、敷地内で集めて下水道へ流さないといけないことになっている。そこで、境界線上にはよく雨水を飲み込むための側溝が設けられているし、敷地の中には必ず、雨水を集めるところがある。水は低いところへ流れる。だから排水溝や排水枡は周囲よりも低く作ってあり、地面はそこへ向かって傾斜がつけてある。

地面に顔を近づけてよく見るとわかるが、どれほど平坦に見える広場や道路でも、雨水を流すための勾配が設けられていない地面はない。水平にしてしまうと、そこに水が溜まってしまうからだ。街の中で、敷地とはつまり、境界線に縁取られた流域であるということだ。

3 指標としての路上園芸

街で見かける植物は、①公園や街路樹など公共の工事で植えられたもの、②その土地の住民個人が植えたり飾ったりしているもの、③勝手に生えてきた雑草、の３種類に分けることができる。植物はその場所の環境に対して無理をしないという特徴がある。つまり、環境が合えば元気に育ち、合わなければあっさり枯れてしまうか、そもそも生えてこない。植物はとても環境に依存する存在だ。

だから植物の種類や生育状態を見ることで、その場所の環境条件をかなりの程度まで知ることができる。温度や水、土の状態というような自然環境条件を「乗り越える」のが、人の関与である。乾燥した舗装に置かれた鉢植えでも、誰かが水をやっていれば植物は育つ。誰かが花屋で買ってきて植えれば、そこに生えるはずのない外国産の植物が咲いたりする。

路上の園芸は環境条件と住民の世話や思いなどが絡み合って、その場所のキャラクターがよくあらわれる。

園芸と人との距離間

個人商店の前の歩道には柑橘やビワなどの果樹や草花が植えられ、ほとんど庭園と化している。
同じ通りでも、オフィスビルの前には行政が植栽した樹木以外の植物はまったくない。
そこを使う人がどれほどその場所に対して打ち解けているか、という違いがよくあらわれている。

熱帯植物が示すもの

最近よく見かけるのは、もともと屋内の観葉植物として買われた鉢植えが外に出され、そのまま根付いた熱帯植物である。特に都心部はヒートアイランド現象などで気温が高いため、郊外よりも熱帯系の植物が越冬している。インドゴムノキやシェフレラをよく見かける。中には街路樹のように大きくなっているものもあるが、根元を見ると鉢の残骸が根を取り巻いていたりする。

アロエという存在

おそらく最も多く路上に分布している園芸植物はアロエだろう。薬効があるとされる「役立つ」植物であり、乾燥に強く丈夫であることで、どの通りや路地でも必ず見かけるほど普及している。

人が定めた「境界」との関係

境界線が縁石などで明示されていない場合でも、住宅の周りの花鉢や椅子などの置かれ方に、住民が意識する境界が形になっている。家に近いほど物の密度が高く、それは境界意識の濃さの反映である。

路上園芸

村田彩子
（路上園芸学会）
文・写真

車道脇の植え込みを堂々と占拠し行われる園芸活動。道沿いのビルオーナーのおじいさんが育て主のよう。

路上でおなじみのアロエは、
強靭な生命力により、しばしばオバケ化しがち。
何気なく路上に置いた鉢から
成長したものと見られる。

道端で所狭しと肩を寄せ合う植木鉢。その植木鉢から飛び出し、自生地とは異なる過酷な環境の中、根を張り葉を茂らせる植物たち。「路上園芸」とは、住居や街区のスキマを縫うように存在する、街角のたくましい園芸活動です。そこには、限られた空間の中で植物を育てるための工夫のみならず、育て主の個性や性格、趣味嗜好までもが垣間見られ、公共の場所に漏れ出た人間くさい私的空間に、思わずニヤリとしてしまいます。

おそらく最初は、近所の花屋や植木市で買ってきた鉢を玄関前に2、3鉢置くところから始まるのでしょう。それが旺盛な園芸欲と育成スキル、さらには気候や植物自身の生命力とが相まり、自宅前の路地や電柱、車道脇の植え込みなどの公共空間にまで堂々とはみ出し、庭活動が行われるのです。

時たま植木鉢を囲み、育て主とご近所さんがああだこうだと植物の生育具合について喋っている光景にも出くわします。実際にお話をうかがうと、引越していく人が、ご近所の路上園芸家に植木鉢を託したり、挿し木や株分けで殖えた植物を近隣どうしで

植木鉢の傍にメモ書きが
添えられていることもたまにある。
育て主は、過去に迂闊な剪定で
失敗したのだろうか。
あるいは通行人への注意喚起か。

植物のつるがドアノブに結ばれており、
緩やかな開かずの扉と化している。
植物愛が行き過ぎ育て主の生活が制限
されてしまう例。

ヒモで縛られる植物。
限られた空間での
園芸活動ゆえ
近隣への配慮の背後に、
縛ることが
目的化しているような
フェティシズムさえも
感じてしまう。

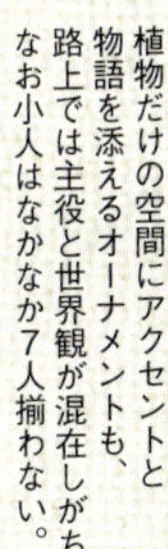

植物だけの空間にアクセントと
物語を添えるオーナメントも、
路上では主役と世界観が混在しがち。
なお小人はなかなか7人揃わない。

支柱代わりと思われる割り箸も、
これでもかとばかりに鉢に刺さっている
と、どこか呪術めいて見える。

交換し合うという方もいました。路上園芸はこのように、ご近所のコミュニケーションを媒介しているともいえます。

行き過ぎると、まるでジャングルのように植物が生い茂り、出入り口が完全にふさがれた家屋もたまに見受けられます。もはや主従逆転。家主が人間ではなく植物に乗っ取られたかのよう。鉢を食い破り、地面にしっかり根を下ろし、まるでお化けのように伸びきってあたりを飲み込む植物を見ると、こいつらは夜中に動き出し、ノシノシ街を歩き回って、いずれ街を乗っ取ってしまうのでは、と想像してしまうほどの不気味さと迫力を感じます。

そういう、人間と植物とのひそかなる攻防も、路上園芸を観察する上での醍醐味の一つです。

ビルが群生する大都会でも、一歩路地に入ると、濃密な路上園芸がそこかしこに潜んでいます。いくら整然とハードを整えようとも、人間の園芸欲と、植物の予測がつかない生命力とが織りなす光景は、街角のちょっとしたスパイスです。

のぼりベースのなかま

お店の外でよく見かける、のぼりを支える足元の器具。のぼり用ポールベース、あるいはポールスタンドとも呼ばれるが、ここでは「のぼりベース」として扱いたい。中に水を入れるタイプが多い。

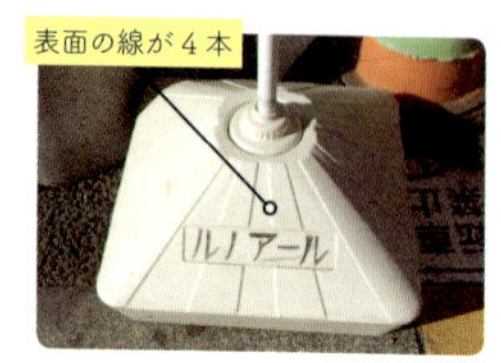

ポールスタンド大／ニチカン

中に水が18kgも入るので、強風でものぼりが倒れにくい。4本線が入ってるのが特徴だ。

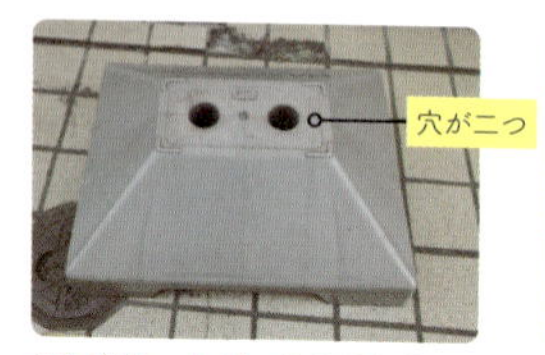

コンクリートポールスタンド

こちらは中にコンクリートがあらかじめ詰まっている。重さは21kgもあり安定しているが、持ち運びはちょっと大変。

注水式スタンド10kg／ジャストコーポレーション

ちょっと人の顔のようにも見えて、かわいい。満水時でも10kgなので風が強い日は要注意だ。

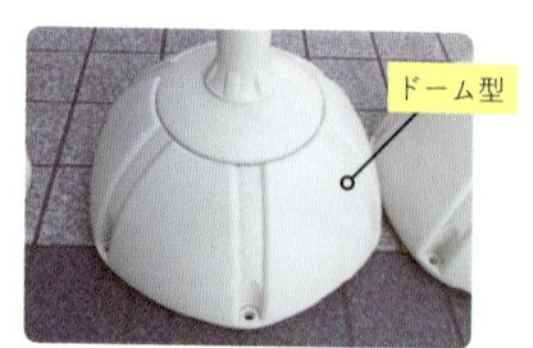

ポール台（ドーム君）

各社がいろんな名前で販売しているのだが、「ドーム君」が一番キュートだった。強風を逃がすための形だそうだ。

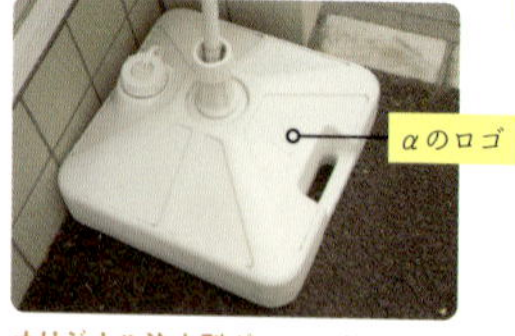

オリジナル注水型ポールスタンド／アルファ

POP広告のプロ集団、アルファが自ら作り出したのぼりベース。側面にαのロゴがある。

パラソルのぼりスタンド

ピラミッド形が多いのぼりベースのなかまの中では珍しい直方体タイプ。「のぼりパラソルスタンド」と名前がよく似ている。

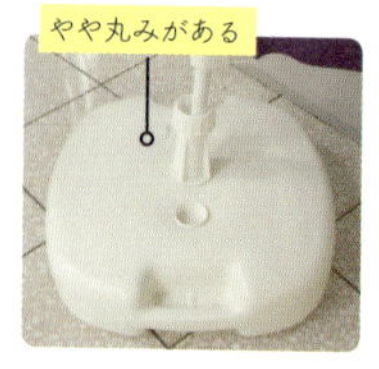

のぼりパラソルスタンド／ササガワ

正方形がちょっとふくらんだような独特の形。

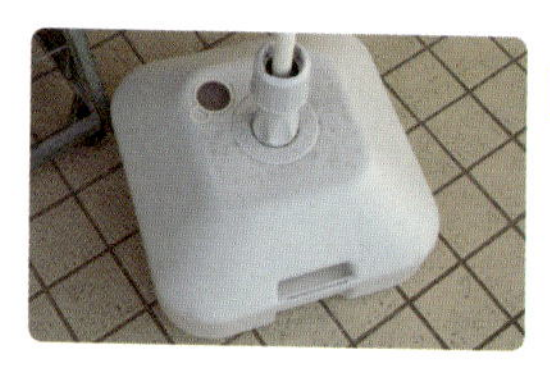

のぼり用ポール台

ザ・普通というべきのぼりベース。ピラミッドの上を切った形で注水式、取っ手つきでポリエチレン製。普通だ。

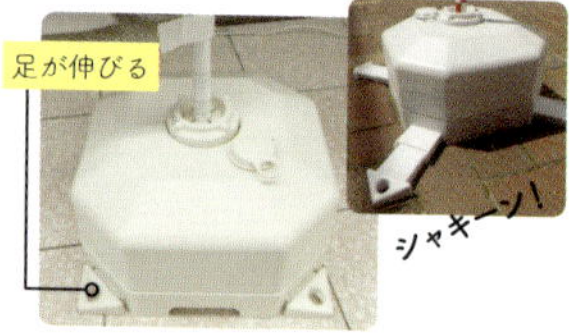

注水型ポールスタンド／第一ビニール

こいつの特徴は四隅にある足がシャキーン！と伸びることだ。それによってより倒れにくくなる。孤高の変形タイプ。

のぼりベースのなかま

のぼりベースの図解

各部名称と役割

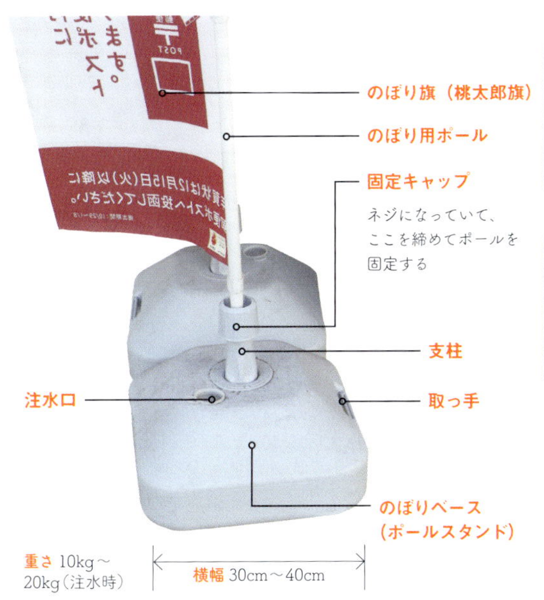

リポビタン

昭和石油

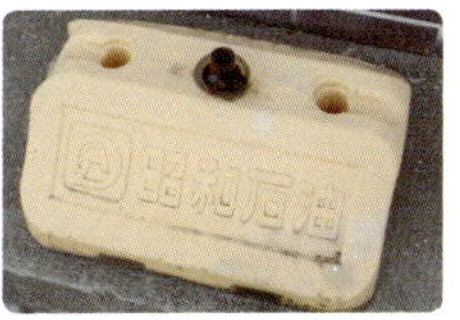

のぼり旗まかせにせず、自分も積極的に広告に関わろうとする意識の高いのぼりベースたち。ひとまずロゴ系と呼ぶことにしたい。既に見られなくなったブランドが残っていることもある。

自分を主張せず、ただのぼりを支える

のぼりベースの使命は、のぼりを支えること。けっして自分を主張しない。色は白かグレーか黒、たまに青。間違ってもど派手な赤だったりはしない。そして名前は「注水型スタンド10kg」みたいなものがほとんどだ。個性的な主張はどこにもない。それは名前というより、単に商品の説明ではないのか。例えるなら、生まれた子どもに「二足歩行型生物3kg」と名づけるようなものではないのか。

しかしそれでいいのだ。POP広告が主張すべきは、自分ではなく商品だ。そのことを深くわきまえている。そして風の日も雪の日も、のぼり旗が倒れないことだけを考えている。それがのぼりベースだ。

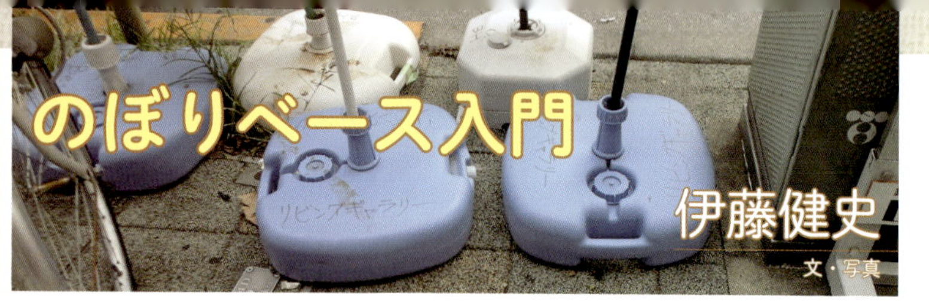

のぼりベース入門

伊藤健史
文・写真

店の入口で「ランチやってます」とか「冷やし中華はじめました」など、フレンドリーなデザインで私のような臆病者の心理的障壁を緩和し、なんか一人で入店できそうな気にしてくれるのぼり。いやあ、のぼり様の導きがなかったら今頃餓死していたかもしれない。

そんなのぼりの足元には路面にどっしり根を下ろしてポールを支えるのぼりベースがある。一般的にポールスタンドや注水台と呼ばれるこれらはよく見てみると、コミカルでかわいく、けなげで、生態も実に多様だ。のぼりは目につくものだが、のぼりベースは見るものだ。もっと見られるべきものだ。

素材・デザイン

のぼりベースは色も形も様々だが大別すると、素材で分類ができる。

樹脂製

ポリエチレン等のプラスチック素材でできたタンクに水を入れて使用する。その手軽さ、安価さから爆発的に普及。現在、街角でもっとも多く見かけるのがこの素材によるものだ。

真上から見るとほら、なんかよくないですか。

スチール製

素材自体が重く厚みを必要としないため、スリムな形状が多い。経年による錆がいい渋みを出しており、そこから立ちこめるかすかなダンディズムの芳香を感じることができる、はずだ。

表面に文字盤が刻まれ日時計になるアイディア製品だがずっと日陰に放置。

コンクリート製

肉厚の重量感が頼もしい。素材をいかしたシンプルなデザインで、一見、同じに見えるが、よく見ると微妙に異なる。茶器を愛でるように侘び寂びの趣きを見出したい。

汚れ方に味が出やすい。苔のむすまで。

ベース景

のぼりベースが、のぼりもつけずにがんがんスタッキングされたり、別の役割を強いられたりして、かえって存在感を増してしまうことがある。そんなベースが織りなす景観が「ベース景」である。

高度なスタッキングによる一大のぼりベースレジデンス。

古来よりたたずむ石塔のよう、思わず拝んでしまうありがたさ。

ブッシュに潜む野戦部隊。

デストロイ

のぼりベースが活躍するストリートはかなりハードな環境である。多くのベースたちが雨ざらしで劣化し、非業の損壊を遂げる。バキンバキンに割れてもなお、使われ続けたり、そのまま路傍に放置されたりする姿に哀愁を禁じ得ない。

プラスチックから石へ、素材が入れ替わろうとしている。

のぼりホール、そこには何が

のぼりベースの中心にはポールを差し込む穴、のぼりホール（勝手に命名）が深遠な口を開けている。時には不届き者にいろんなものを入れられる。もちろん許されざる行為なのだが中には「それ入れる気持ち、わかる……」と言いたくなるものも……。

ウコンの力がジャストフィットすぎる。

これぞベース園芸。

クリーニング屋のハンガーや放置自転車のように、のぼりベースは「なんか増えているもの」として我々の日常の中で存在感を放っている。

彼らはどのようにして増え、余り、割れていくのか。資本主義経済が成熟した現代社会において、その生活史の解明が急務になっていることだけは間違いない（ある）。

メーカーや製品のロゴ入り
オリジナルバージョンを探そう！

クリーニング店で生き残るフジカラー。

リポビタン。フジカラーのように丸い形状もある。

以前はDPE受付のクリーニング店などでフジカラーのベースをよく見かけたが、最近ではドラッグストアの入口にリポビタンのブルーが圧倒的なボリュームで並んでいる。こんなところにも街の変容の断片が見られて面白い。

総説　街角の視線の先

視線をちょっと上げてみよう。目の高さや、それより上には何が見えるだろうか。すぐ目につくのは、信号機や標識、街路灯、電柱みたいなものだ。大きくて頑丈で、そして公的に設置されたものが多い。

たいていは、高いところにあればあるほど大きい。山の上にあるハリウッドサインや、京都の大文字焼きがやたらに大きいのと同じだ。遠くから見て欲しいからこそ、高いところに大きく掲げる。

たとえば､道路の標識（左下写真）。見慣れた大きさだけれど、すぐ下を走る白いトラックより大きいのが分かる。車両用信号機の丸いランプだってバスケットボールより大きいのだ。

標識を支える支柱と、横に伸びるアームを固定する部分もこんなにがっしり（右下写真）。高いところにあるものは、もしも落ちてきたら大変なことになる。だからとても頑丈に、安全に作られる。間違ってもガムテープで固定されていたりしない。

壊れにくいということは大事だ。路上にあるものは壊れたら直せばいいけれど、上空にあるものはほいほい交換できない。あんまり手がかか

らないで何年も使えることが大切になる。そしてまた、だれかが勝手に設置するということもない。信号の隣にメッセージボードが置かれて、店員が「春ですね」とか手書きしたりしない。上空に「私」が入り込む余地はない。

もうちょっと視線を落として、目と同じくらいの高さを見ると、そこにもいろんなものがある。

郵便ポストは、人が投函するという理由によって、人の胸くらいの高さになっている。他のものもだいたい同じ理由で高さが決まっている。送水口の高さは消防士さんの腰の高さだし、ブロック塀は人が乗り越えられないくらいの高さになっている。

いずれも長く屋外で使うことを目的としているから、雨や風や火に強い素材が使われている。ふにゃふにゃですぐ折れるようなものは見かけない。

誰が設置したかはそれぞれ違う。郵便ポストはもともと公が設置していたものだ。そして送水口は建物の所有者である民が設置する。ブロック塀を築くのは私だ。でも、ちょうど人の背の高さくらいのところにあるので、誰かがブロック塀に勝手にゴミを置いたり、送水口にシールを張ったり、壁によく読めないメッセージを書いたりもする。

街角の視線の先にあるものは、頑丈で、大きくて、でも人の撹乱もちょっとは入る、そんな景色だ。

それでは具体例を見ていこう。

電柱の生態系

電柱の周りにはいろんなものがごっちゃりとまとわりつき、活動している。
それらは何で、なぜそこにあるのか。
東京都内の電柱を一つ選び、足元から順に見ていくことにしよう。

足下から頭のちょっと上

電柱の足元を見ると、電柱に直接「細 15」と書かれている。これは「細径柱」の「高さ 15m」という意味だ。電柱には一番太い一般柱、ちょっと細い細径柱、もっと細い小柱などがある。

高さ 2m ほどにあるパネルは、電力会社の電柱番号などを表したものだ。右上に東京電力のマークが見える。大和線の 89 番の電柱ということだろう。その下には 10 年 11 月、15M とあり、それぞれ設置年月と電柱の高さを表している。

高さ 4 ~ 5m のあたりには、交通標識と街路灯、広告がまとめて設置されている。よく見ると街路灯にも番号が書かれている。律儀だ。

高さ７～８ｍあたり

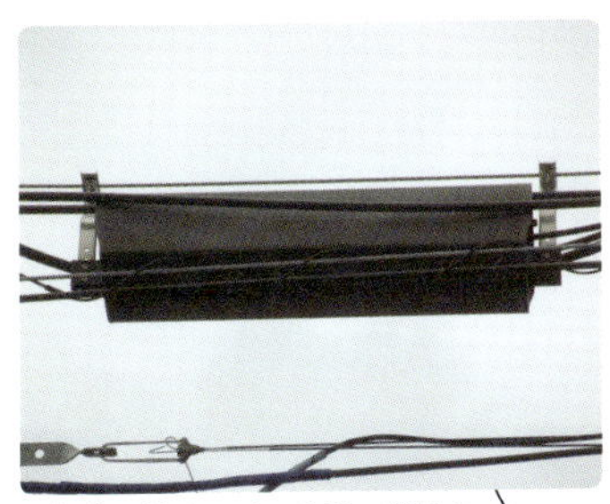

通信線に挟まっている黒い箱はクロージャーという。この中で回線を接続したり分岐させたりする。これは昭電の「SCL-ASC」だ。光ファイバー用。

クロージャーの中はこんなふうになっている。たまに工事をしているときに、中を見るチャンスがある。

隣の電柱にはこんなクロージャーもあった。昭電の SD-BC-2 だろう。光ファイバー用だ。

街路灯のすぐ上にいっぱいある黒い線は、通信線だ。電話回線やケーブルテレビ用の回線、光回線などがまとめてひいてある。それぞれが何の線なのかは、ところどころに下がっている札を見ると分かる。ケーブルテレビの会社や NTT など様々な事業者が通信線を引いている。

KDDI

KDDI だ。おそらく光回線だろう。

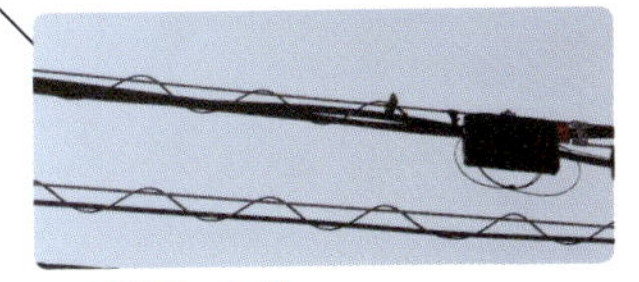

スパイラルハンガー

クルクルと巻き付いている金具はスパイラルハンガーという。通信線を束ねつつ支えている。

高さ 10m より上

電柱の一番上、ちょうど 15m のところにある電線が高圧線。ここには 6600V という高圧電流が流れている。触れたらもちろん危ない。だから高圧線はこんなに高い所を通っている。
発電所で作られたばかりの電気は最大で 50 万 V にもなる。ここに届くまでの間にいくつかの変電所を経て次第に電圧が下げられ、一般家庭に引き込むところでようやく 100V になるのだ。
高圧線などを支えるために横に伸びている腕は、腕金という。その下で高圧線とつながっている箱は、開閉器。事故が起きたときや工事のときなどに電流を遮断するスイッチだ。

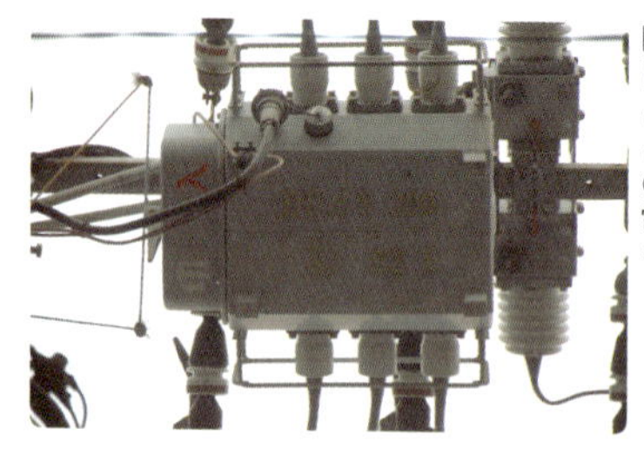

開閉器を真下から見るとこんなふうになっている。「入」「切」と書いてある。いかにもスイッチでしょう。300 とあるのは、300A の電流までは耐えられるということだ。電圧が大きくなればなるほど、電流を遮断するのが大変になり、スイッチもこんなに大きくなる。変電所に行くと、さらに化物のように大きな開閉器を見ることができる。

通信線の上、高さ10mほどのところにあるイガイガは柱上変圧器だ。
よく見ると「50」「6600V」と書いてある。電柱の一番上には 6600V の高圧線があり、それを家庭用の 100V に変換しているのだ。50（kVA）というのは変圧器の容量で、大きいほど高電圧高電流に対応できる。周りのイガイガは放熱板だ。中に入ってる絶縁用の油が高温で引火してしまうこともあり、全体を冷やしている。

柱上変圧器の先に伸びる電線は低圧線という。この中を走る電流は 100V で、途中で引き込み線に枝分かれして家庭に届く。

ここまでをまとめるとこんなふうになる。一本の電柱が、標識や街路灯、通信線や電力線など、種類の異なるインフラをいかにたくさん支えているかということが分かる。

いろいろな施設

地面にささってるこの黄色い斜めの線は、支線という。向こう側に続く電柱の重みを支えるものだ。この支線につながる電柱は通信線を支えているので電信柱という。

通信線を支える電柱には通信会社による電柱番号が書かれていることがある。この場合はNTT東日本が平成19年に設置したもので、巣鴨橋支線の2本目を右に折れて6本目の電柱だ、というようなことが分かる。

電線地中化の施設

道路の脇に唐突に立っているこれは、配電箱という。これは電線が地中化されている場所で、電線を分岐するためにある。

配電箱にもいくつか種類がある。PTと書かれたものは、裏に回るとたいてい換気口が空いている。

中に変圧器が入っていて、放熱する必要があるためだ。LSまたはHSと書かれたものは、それぞれ低圧、高圧の分岐に使われる。

必要だけど、ちょっと遠くにいて欲しい

電柱にはあらゆるものがまとわりつき、たくさんの線が絡みついている。だから一見するとただごちゃっとしているだけのように感じる。しかし実態は違う。すべてのものがルールに従って整然と配置され、自分を名乗る標識がついている。だから、電柱を見るときは、双眼鏡か望遠レンズつきのカメラがあるといい。10m上空に書かれた文字を読み取れば、そこからたくさんのことが分かる。

電気は生活になくてはならないものである。しかし同時に危険なものでもある。人の往来と同じ高さに存在することはできない。だからあるところでは上空に遠ざけられ、あるところでは地下に遠ざけられる。電線の地中化も、電柱による架線と本質は同じだ。場所ごとの条件に応じて、最適なものが選択されることになる。

信号機のなかま

いま道路を進んでもいいのか悪いのかを教えてくれる。
誰がどっちに進んでいいのか、誤解がないように、
見やすいように工夫されている。

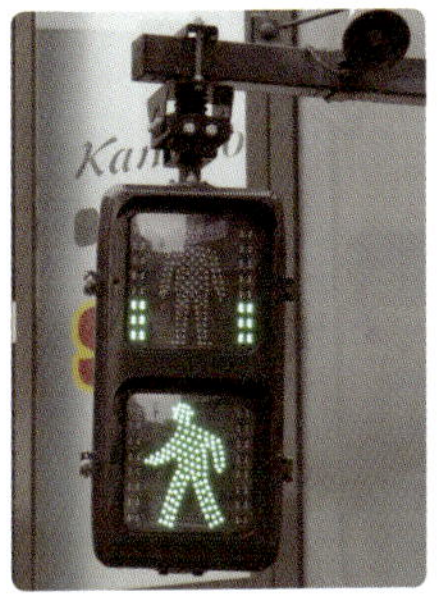

歩行者用交通信号灯器

横断歩道の両端にある。写真のように残り時間を棒グラフで表示するものもある。

車両用交通信号灯器

車両用。矢印の部分は矢印式信号灯器という。ふつうの青信号と違い、矢印の向きにだけ進むことができる。黄色い矢印は路面電車用。

縦型信号機

雪が積もりにくいように縦型になったもの。雪の多い地方で見られる。ただし最近では、薄くするなどの積雪対策をした横型のものも増えている。（写真：磯部祥行）

信号灯背面板つき信号機

日光を遮ることで赤なのか青なのか分かりやすくする。いまどきの信号はどれも見やすいので、もうほとんど見かけない。（写真：磯部祥行）

誤認防止型

見える角度を制限して、正面からのみ正しく見えるようにしたタイプ。本来見るべき信号の奥や隣の信号を見ているのに、青だから進もうと誤解するのを防ぐ。

一灯点滅式信号機

交通量の少ない交差点で見かける。メインとなる方向では黄色が点滅し、そうでない方向は赤が点滅している。いずれにしろ注意して進む。

自転車専用信号機

歩行者が渡れない交差点でたまに見かける。交通量が多いのに道幅が広くて、歩いて渡るのが危険な場所など。

電球式信号機

都市部ではもはやレアになってしまった、LEDではない信号。何かあたたかみを感じてしまうが、実際あたたかい。

押しボタン式信号機

車両が多く、歩行者が少ない道で見かける。車両側は基本的に青で、ボタンを押したときだけ歩行者側が青になる。「顔」にしか見えない。

音響式信号機

目の見えない人のために、信号の状態を音でも知らせてくれる。青のときにピヨピヨ鳴ったり、通りゃんせのメロディが流れたりする。

信号機のなかま

信号機の図解

各部名称と役割

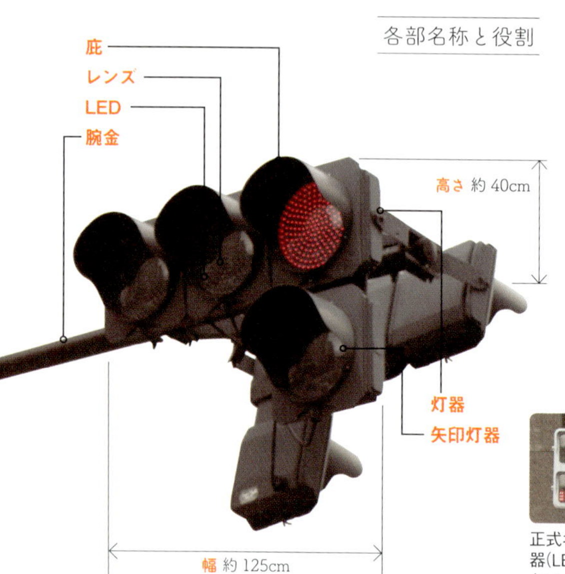

高いところにあるものの常で、信号機は想像よりもずっと大きい。青や赤のレンズの直径はだいたい30cmで、バスケットボールよりも大きい。素材はアルミニウム合金などが使われる。

裏には詳細を書いたプレートが貼ってあり、信号の正式名称やメーカーが分かる。たとえばこの信号なら、

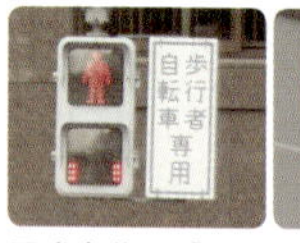

正式名称は「U形歩行者用交通信号灯器(LED)」で、メーカーは星和電機だといったことが分かる。

信号機の生態

信号機は、多くの場合二人一組で活動している

刑事のように、背中合わせで周囲を警戒する例

歩行者信号はお互いに真横を向いているのをよく見かける。アーティスト気取りである。

人を見下ろす位置に……

そして彼らはまた、人間を見下しがちである。この例でも、腕金からつながる金具が若干下を向いているのが分かる。

とはいえ、実際のところはみんなが信号を見やすいようにすこしうつむいてくれているのであった。本当はいいやつである。

交通のスイッチ、信号機

信号にしたがって道路を歩いていると、たまに自分が電流になったような気持ちになる。赤のときはスイッチオフ。青になったらスイッチオン。人や車の流れを早送りで見ることができたら、たしかに信号がみんなを電流のように制御しているのが見えるだろう。

スイッチが必要なのは、道路という回路が平面だからだ。二つの流れがぶつからないよう、時間を区切る必要がある。あらゆる道路が立体交差してたらいいのになあとたまに想像する。でもそうはいかない。だから信号に制御してもらう。道路を流れる一粒ずつの電子として。

道路標識のなかま

道路の脇や空中の高い所にあって、進むべき道を知らせたり行動を指示したりする。
道路ごとに定められたルールは、標識によって初めて目に見えるようになる。

道路標識の種類

案内標識

この先はどうなっていて、今どこにいるかを案内する。おにぎり型の国道の標識もこれ。だいたい青い。高速道路だと緑色。

警戒標識

この先に危険があることを教えてくれる。シカが跳ねていたり、車がスリップしていたりする。もれなく黄色い。

規制標識

何かを禁止したり、命令したりする。だいたい赤い。一番偉そうなタイプ。でもルールを守ってもらうってそういうことなのだ。

指示標識

ここがどんな場所で、何をしていいかを教えてくれる。ここは横断歩道だよとか、ここに駐車してもいいよとかだ。優しいお姉さんタイプ。だいたい青い。

補助標識（下のほう）

他の標識にくっついて、追加の情報を教えてくれる。「ここまで」とか「原付を除く」みたいなやつ。だいたい白い。

設置方式の種類

路側式

道ばたに立てるタイプ。その場所について今まさに伝えなきゃいけない情報を掲げる。車両進入禁止とか。

片持式：逆L型

片持式は、多車線の道路などで、上空の高いところに案内を掲げるときによく使う。今すぐは必要ないかもしれない、ちょっと離れた場所についての情報も書かれる。

片持式：F型

いくつもの標識を掲げたり、重い案内板を掲げたりするときは腕が二本になる。Fみたいな形。

片持ち式：テーパーポール型

テーパーポールというのは、先にいくほど細くなっているタイプの柱。ほぼ逆L型と同じだ。

門型式（オーバーヘッド式）

オーバーヘッド式という名前がかっこいい。が、情報が多いので一瞬とまどう。これを見て慌てないドライバーに憧れる。

添架式：電柱型

専用の標識柱ではなく、なにかに寄生しているタイプ。こんなふうに電柱に寄生しているのはよく見かける。

添架式：信号機型

信号機の柱に、ついでに標識も掲示するタイプ。

アーケード支柱型

商店街のアーケードの支柱にも寄生することがある。立ってるものは親でも使えの精神である。

標識のなかま

標識の図解

各部名称と役割

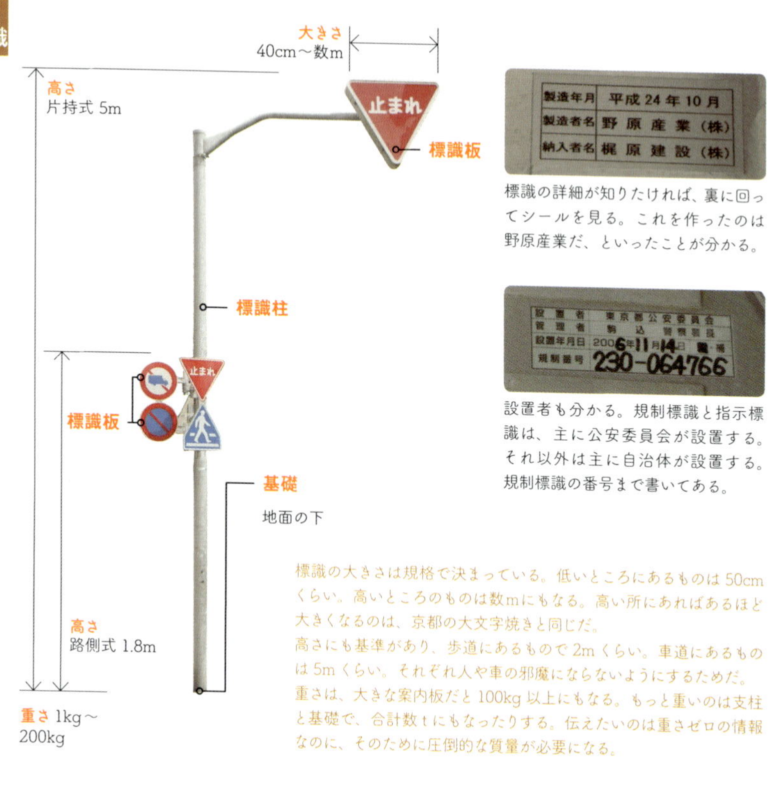

標識の詳細が知りたければ、裏に回ってシールを見る。これを作ったのは野原産業だ、といったことが分かる。

設置者も分かる。規制標識と指示標識は、主に公安委員会が設置する。それ以外は主に自治体が設置する。規制標識の番号まで書いてある。

標識の大きさは規格で決まっている。低いところにあるものは 50cm くらい。高いところのものは数mにもなる。高い所にあればあるほど大きくなるのは、京都の大文字焼きと同じだ。
高さにも基準があり、歩道にあるもので 2m くらい。車道にあるものは 5m くらい。それぞれ人や車の邪魔にならないようにするためだ。
重さは、大きな案内板だと 100kg 以上にもなる。もっと重いのは支柱と基礎で、合計数 t にもなったりする。伝えたいのは重さゼロの情報なのに、そのために圧倒的な質量が必要になる。

標識がルールを実体化する

標識が伝えたいのは、情報である。しかも安全や危険に直結するとても重要な情報だ。だから分かりやすいように考えられたサインシステムで日本中が統一されている。トイレのピクトグラムみたいにデパートごとに違ったりはしない。

標識は、ルールの実体化でもある。ある道を一方通行にするという決定は、それだけではただのルールだ。そこに標識が設置されることで、初めてルールが実体化し有効になる。標識は、道路というインフラを動かすためのプログラムのようなものといえるかもしれない。

標識の生態

単独でも群れでも

単独

群れ

老化現象

長く働いたものの中には、こんなふうに色あせてしまうものもいる。ビビッドな赤がご自慢の規制標識も、いまでは白髪のようだ。黄色があざやかな若い警戒標識に、あとを頼もうと思っている。

ケガ

車両進入禁止の標識に、よりによってぶつかる車もいる。標識本人も驚いたことだろう。標識も体を張って働いているのである。

夜になると……

彼らは夜になると猫の目のように光を反射しはじめる。特に再帰性反射が得意だ。また、反射でなく、自ら光りだすものもいる。かなりの特殊能力である。

街路灯のなかま

街を照らす灯。
夜でも安全に道を歩いたり、車を運転できるようにする。
主に自治体が設置するが、商店街が独自のデザインで発注したりもする。

歩道灯

よく見かける。光が横に広がることで、隣との設置間隔を長くできるように工夫されている。5m くらいの高さに設置される。

道路灯

車道を照らす。歩道灯にくらべて高い場所で格段に明るく光る。運転手の邪魔にならないよう、水平に光が伸びないよう工夫されている。

足元灯

足元の地面を照らして歩きやすくする。階段など足場の悪い所や、歩道灯の設置に適した電柱がない場所などで見かける。

裸電球

電球に傘をつけただけの簡素なもの。木製の電柱とセットだったりすると素敵だが、もうほとんど見かけない。

蛍光灯

これも今となっては素朴な味わい。切れかかった蛍光灯はまるであえぐように光り、応援したくなる。

商店街タイプ

商店街の街路灯は独自のデザインに統一することが多い。レトロ風だったり、当地に即したものだったりする。

ハイブリッド発電型／中西金属工業

太陽光と風力で発電して光を出す、独立独歩タイプ。発電設備が立派で、街灯はオマケに見える。携帯電話が充電できたりもする。

宇宙船タイプ

駅前などで大掛かりに設置されるものもある。単に照らすというより、みんなの憩いの場所にすることを目的としているように見える。

街路灯のなかま

街路灯の図解と生態

各部名称と役割

高さ：約5m（歩道灯）～約10m（道路灯）

灯りの主役はLEDだ。蛍光灯や電球は、細い道でかろうじて残っている。
人の目に直接光が入るとまぶしいので、街路灯は歩道でも人の背よりもずいぶん高い所に設置される。
車道ではそもそも車にぶつからないように、もっと高い所に設置される。
寿命はLEDだと10年以上。
素材はアルミ合金など。
星空が見づらくなったりしないよう、上に広がる光を抑えるような工夫もしている。

夜行性　街路灯が活動するのは夜間である。

昼間目立たなかった街路灯も、夜は急に生き生きとする。今ではめずらしいガス灯など、それ自身が主役にもなったりする。

夜の灯りは、単に道を照らすという役割を超えた特別な雰囲気を作ることがある。夜の澄んだ空気を伝えたり、祝祭性を高めたりする。街路灯は、街を演出する。

交通量の少ない道では、歩道灯を道の片側だけに置くことが多い。真下を照らすのではなく、やや斜めを向けて、真下から道路の反対側までを照らす。

夜の安全を守る、ムードメーカー

街路灯が必要なのは、街では夜も人が活動するからだ。夜は暗くて不便なので、街路灯を設置してその不都合がなかったことにする。そのとき、なるべく光を横に伸ばして街路灯の設置間隔を広げたり、かといってドライバーにまぶしくないように真横にはいかないように工夫したりしている。

街路灯はまた、夜の景観を作り出すという役割もある。橋に足元灯を設置するのは安全のためでもあるけれど、橋全体の構造を美しく照らすことにもなる。温泉街に石灯籠に似せた街路灯があれば、旅先の雰囲気も高まるだろう。街路灯は夜の安全を守り、またムードメーカーでもある。

カーブミラーのなかま

交差点の隅や、きついカーブの途中などにある。見通しの悪い道路で、右や左がどうなっているか、そこに車や人がいるかを教えてくれる。

丸形

よく見かける。丸いので周囲の状況がまんべんなく分かる。写真のようにミラーが一つのものは一面鏡という。

角形

四角いのもある。長方形の対角線の方向に道路が長く映るので、遠くまで見やすい。

曲柱

車両の邪魔にならないように、上半身をくねらせるタイプ。写真のものは、背後にスペースがなく車道ぎりぎりに支柱を置かざるを得なかったものと思われる。

二面鏡

一つの支柱に二つのミラーがついたもの。二方向の状況が同時に分かるので便利。

三面鏡

たまに三面ついたものもある。いっぺんに3方向の状況が分かるため、主に聖徳太子にとって便利。

電柱設置型

電柱に寄生するタイプもある。電柱の高さ3メートルほどの所には、カーブミラーや標識、広告などの集まる生態系ができている。

カーブミラーのなかま

カーブミラーの図解

正式には道路反射鏡と呼ばれる。普通は支柱に金具で固定するが、電柱や擁壁などに寄生するタイプもある。

反射鏡の材質：
ステンレス、アクリル、強化ガラスなど

支柱には「注意」と書いてあることが多い。ミラーにぶつからないようにということだが、大きなミラーに比べると注意標のほうがよほど小さく気づきづらい。その下には設置者や反射鏡番号の書かれたネームシートがある。カーブミラーが壊れている場合などのために連絡先も書いてある。

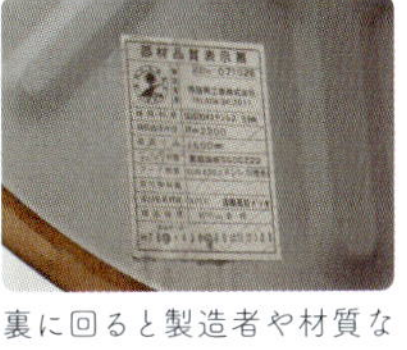

裏に回ると製造者や材質などの詳細が書かれた「部材品質表示票」がある。が、高さが3mほどあるので、普通はなかなか読めない。ズームできるカメラなどで読み取ろう。

表面に「R=2200」などの表示がある場合、ミラーの形は半径2.2mの球面の一部を切り出したものになる。これが大きいほどゆがみが小さく、見やすい。また、鏡自体も当然ながら大きい方が見やすい。

カーブミラーの生態

カドだけにいるわけではない

交差点に一つ

交差点で横並び

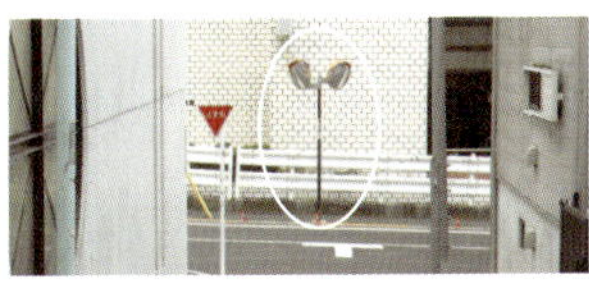

T字路

交差点にミラーが一つだけ設置されている場合、ドライバーから見やすいように交差点の左側であることが多い。交差点の左右両方に設置されていることもある。T字路の場合はメインとなる道路につきあたる位置に二面鏡が設置されていることが多い。

目立ちたいのか奥ゆかしいのか

彼らは基本的には道路のすみっこにいる。
曲柱タイプのように、さらに身を引いて邪魔にならないようにするものもいるほど、
奥ゆかしい。

そもそも道路の外側にいるのに、さらに身を引くとはなんという奥ゆかしさであることか。自分の顔（ミラー）がやや大きめであることを知っているのだろう。できれば小顔に生まれたかったと思っているかもしれない。

カーブミラーはまた、その存在自体で道路の状況を教えてくれることがある。この道の場合、右側から合流する道があることにちょっと気づきづらいが、左側にカーブミラーがあることでそれと分かる。

坂の途中

坂上を向いたもの

坂下を向いたもの

カーブミラーはまた、地形の状況の反映でもある。急な坂の途中にある二面鏡の場合、それぞれの鏡の傾きがちょっと違う。

あまりにも微妙な違いだけれど、坂下を向いたもののほうがより下に傾いている。ミラーはそもそも道路という地面の状況を映すものなので、もともと地面側に傾いている。その傾きは、もちろん地面自体の傾きに影響されることになる。このあたりの状況は、信号や標識も似ている。信号の場合もふつうはやや下を向き、坂の下にあるものは上から来る人に見やすいよう、微妙に上を向くことになる。

奥ゆかしい性格だが、服は派手

カーブミラーはとにかく奥ゆかしい、補佐に徹した存在だ。交差点では、信号を設置するほどでもないような場合にその補佐として働く。彼らはまた、視覚の補佐でもある。カーブミラーは道路のすべてを映し出しているわけではなく、死角がある。だから肉眼での確認を原則として、カーブミラーを補佐として使うのだ。その上で、さらにじゃまにならないように気をつけて立っている。奥ゆかしい。

面白いのは、同時に目立ちたがりの側面もあるということだ。「注意」と書かれた反射シートが貼られていたり、全体が黄色と黒の警告色のゼブラになっていたりもする。奥ゆかしい性格なんだけれど、ぶつかったら危ないので目立つ服を着せられている。本人の気持ちが聞いてみたい。

勝手ミラー

磯部祥行
文・写真

あなただけ見つめてる

見通しの悪い場所にこそ、ミラーが必要だ。でも、不特定多数に役立つ公的なものは公道にしかない。特定の個人だけに必要な箇所には設置されない。だから、個人宅やマンションの駐車場の出入り口には私設のミラーがある。ミラーの設置位置を見れば、ミラーが誰を見ているのかがわかる。

ところが、公的な場所に私的なミラーを設置してしまう方もいる。これを「勝手ミラー」と呼んでいる。石川初氏の指摘にあるように、個人が公の場所を浸食する場合は「仮設」の形態をとることが多いが、川沿いや公園の柵にはかなりきちんと固定してあるものもある。そこにミラーがあってもなくても大勢に影響がないから、公がお目こぼししているのかもしれない。

回収ボックスのなかま

飲料の自動販売機の脇にある空き缶のゴミ箱は、
業界的には回収ボックスと呼ばれている。業界団体の自主的なガイドラインにより、
自販機1台につき1個の回収ボックスを置くことになっている。

カエル型

カエルっぽい。空き缶を入れる穴が目に見えるので、以下ではこの部分を目と呼ぶ。品名はNPX-95（アートファクトリー玄）。

ゴンスケ型

藤子不二雄の「21エモン」に出てくるロボット、ゴンスケに似ている。コカコーラの自販機の脇で見かける。

ゴンスケ女子型

ゴンスケに比べて目元がくりくりとして女子力がアップしている。品名はNPX-90X（アートファクトリー玄）。

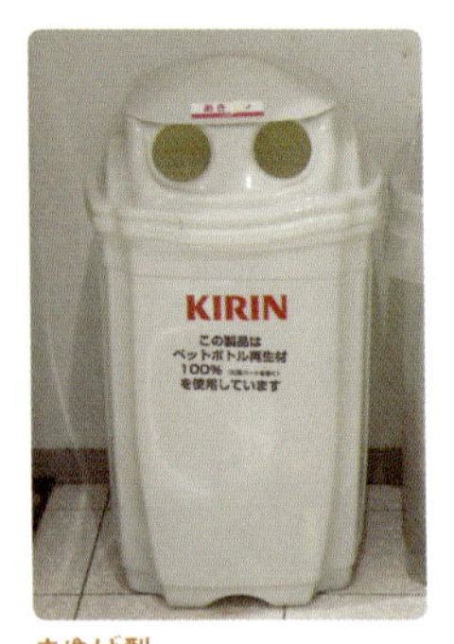

まゆげ型

両目の上のまゆげがキリッと上がったりりしい顔つき。品名はペットトラッシュ95N（アートファクトリー玄）。

宇宙人型

二つの目が縦にならぶ宇宙人タイプ。サントリーの自販機の脇で見かける。

モヤイ型

渋谷駅前にあるモヤイ像のような顔つき。各社の自販機の脇で見かける。品名はNPX-95X（アートファクトリー玄）。

丘陵地マンション型

丘陵地帯の傾斜にそって作られた階段形マンションのようなタイプ。品名はKPK-100（アートファクトリー玄）。

頭に三つ穴型

色あせた様子や補修の跡から、かなりの年代物であることがうかがえる。天井に穴が空いているのは現在では珍しい。

一体型

駅でよく見かける、自販機と一体のタイプ。忍者みたいでかわいい。品名はMDX-100LN（アートファクトリー玄）。

一つ目型

株式会社共愛による、プラボックスシリーズの普及型タイプ。品名はKB-50B。

アゴ引き型

アゴを引いてまっすぐ前を見つめる優秀なロボットといった外観。品名はKB-90B（共愛）。

くっきり一つ目型

目の周りが補強されて凛々しくなっている。品名はNPX-98（アートファクトリー玄）。

回収ボックスのなかま

回収ボックスの図解

各部名称と役割

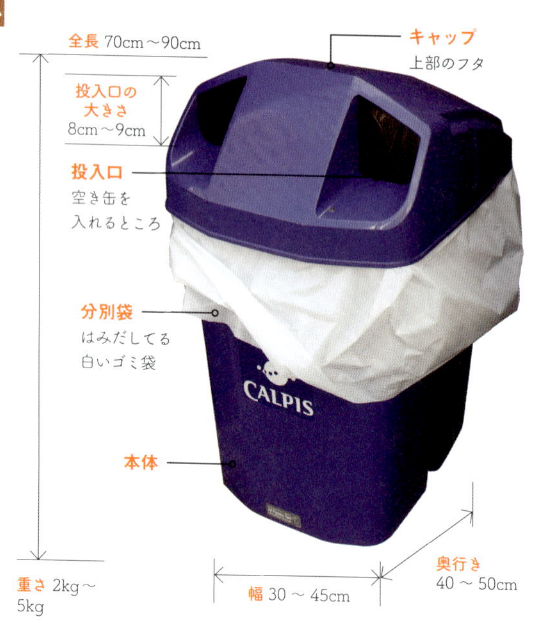

ついつい空き缶の「ゴミ箱」と呼んでしまうが、実際には捨てるわけではなくてリサイクルするためのものなので、これは回収ボックスであり、中に入っている袋はゴミ袋ではなくて分別袋という。素材はプラスチックが多い。特に、PETボトルをリサイクルしたPET製のものもある。
投入口はだいたい人の腰の高さにあり、空きボトルを入れやすくなっている。一方で、家庭ゴミなどをなるべく投入されないよう、入口の直径はペットボトル程度にとどまっている。おそらく雨対策のため、投入口はたいてい横を向いている。中身を交換するときは上部のキャップを外す。簡単に外れないようにロック機構や鍵がついているものが多い。
色は周辺環境に配慮したものにすることになっており、無難な色のものが多い。

「ゴミ箱」じゃない、「回収ボックス」だ

回収ボックスはリサイクルの精神を体現したものだ。その使命は、使用済みのペットボトルや空き缶を回収し、再利用につなげることである。回収ボックス自身の材質も、リサイクルされたプラスチックでできていることがある。

そんな真面目な回収ボックスなのだが、投入口が主に二つあって目に見えることと、適度な背の高さから、どうしても何かの生き物に見えてしまう。特にカエル型はカエルにしか見えない。だから感情移入してしまう。ぎゅうぎゅうに空き缶が詰め込まれて目からあふれているのを見るとつらくなる。ロケーションが偶然ゴミ捨て場と重なって、絶対入らない紙袋を無理に詰め込まれていたりするのもつらい。

彼らは回収ボックスだ。ゴミ箱じゃない。いつまでも自販機と並び、適度な量の空き缶をそのなかに収めていてほしい。

回収ボックスの生態

彼らはほぼ間違いなく、自販機と一緒にいる

その姿は、まるで自販機と仲睦まじく歩く夫婦のようである。ダブルデート状態になっているものもよく見かける。回収ボックスが二つ並んだ自販機は、まるで二人の子どもの手を引いて帰るお父さんのようにも見える。
自販機はその重量を分散させるために本体の下にコンクリートの台を置く場合が多く、まるで下駄を履いているようにも見える。それがいっそう自販機を人っぽく見せている。

お疲れさま

回収ボックスは基本的には真面目な働きものだが、たまに疲れ気味のものを見かけることがある。ちょっと口元が緩いもの。春の日差しにうっかり放心してしまったのだろう。

猿ぐつわ

猿ぐつわをされたもの。ロック機構がばかになったといった事情で、頭を押さえつけられているのだろう。

大ケガ

疲れ気味を通り越して大ケガをしているもの。幸い本体は無事なので、早く入院してアンパンマンのように頭だけ取り替えてもらいたいところである。

郵便ポストのなかま

郵便物を差し出したり、一時的に貯めておくための箱。
赤いのでよく目立つ。郵便物を入れるのは簡単、だけどいったん入ったら安全に保管する。
それが郵便ポストの役割だ。

郵便差出箱1号（丸形）

とにかく丸くてかわいい。戦後に作られたポストの最初の規格。差入口のある上部は向きが変えられるようになっている。
開始：昭和24年
素材：鋳鉄

郵便差出箱1号角形

1号丸形の後継。昭和後期に、丸形で使っている鋳鉄の生産が減少したため、鋼板製になった。丸形のデザインが古びてきたからという理由もあるらしい。
開始：昭和45年

郵便差出箱2号

片流れ式の屋根がいい感じ。郵便量の少ない地方向けに、小型のポストを柱に掛けて簡単に設置できるように作られた。

郵便差出箱3号

ずんぐりむっくり。1号よりも容積を大きくして、郵便物をたくさん貯められるようにした。中に取集袋がある初めてのタイプ。
開始：昭和26年

郵便差出箱4号

速達専用。青いのはこれだけ。ふつうは向かって左側にある取出口が右側にあるので、こんなふうに他のポストと並べて設置できる。
開始：昭和31年。ただし写真の角型は昭和35年から。

郵便差出箱7号

初めて差入口が二つになった。当初は東京であれば「東京都」と「他府県」のように宛先別に分けていた。
開始：昭和37年

郵便差出箱 8 号

7号を小型化して、投函量の少ない場所でも使いやすいようにした。差入口は「都区内」と「地方」の二つ。写真のものは既に違うラベルに差し替えられている。

郵便差出箱 9 号

脚が長くてかっこいい。柱掛け式の差出箱2号は、タイルみたいな新建材ではうまく掛からないので自立式にした。脚は取り外せるようになっている。

郵便差出箱 10 号

側面がカーブしてるタイプの元祖。側面や上面がカーブしているので、雨がたまらず錆びにくくなった。差入口も下側が大きく窪み、投函しやすくなっている。

郵便差出箱 11 号

10号がさらに胴長になった。10号以降のものはだいたいFRP（繊維強化プラスチック）製なので、もはや鉄のように錆びなくなった。

郵便差出箱 12 号

脚が短い！　ほとんど箱そのものの大容量タイプ。人の集まる駅前や大きなビルの前など、投函量の多そうな場所で見かける。

郵便差出箱 13 号

一番よく見かけるタイプ。石を投げればだいたいこのポストに当たる。古いタイプもどんどんこれに置き換わっていっている。

郵便差出箱 14 号

番号がついている中では一番新しいタイプ。小型で、取出口が前面にある。

5号・6号は？

いずれも筆者未見。
5号は2号より少し大きく、
現存は一基のみのようだ。
6号は脚がない究極の大容量タイプで、
前送保管箱という郵便配達員向けの
設備と一体になっている。
なので取出口が郵便箱と保管箱で左右別々。
鍵も別だ。

郵便ポストのなかま

郵便ポストの図解

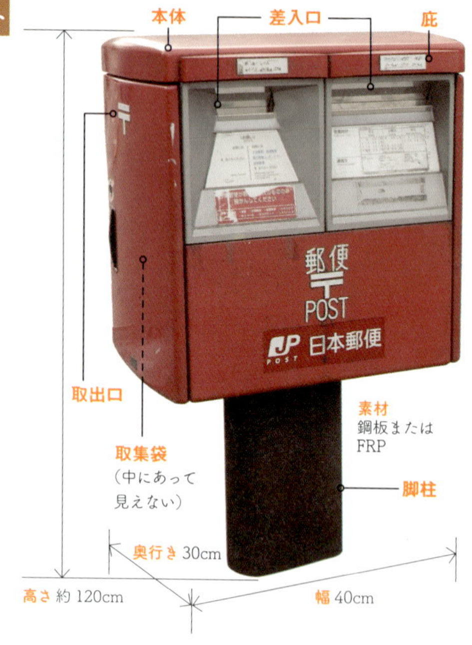

各部名称と役割

差入口は広く、だいたい人の胸の高さにある。鉄でできているので、雨でも濡れないし、火事にも強い。郵便制度が始まった直後のポストは木製で、火事に弱かったらしい。10号以降のものは差入口が奥まっているので、上部が自然と庇になっている。取出口はだいたい左側にある。
左側の下部には小さなラベルが貼ってあるので、まずはここをチェックしよう。

ここを見れば、このポストが郵便差出箱11号で、製造はマツダ工業、納入は平成11年3月か、みたいなことがわかる。とても便利なんだけど、長年の雨風で印刷がはがれてしまっていることも多い。
古い鋳物のタイプだと、印刷じゃなくて鋳型に直接書かれているものもある。

「昭37吉村製」。これは1号丸形の後ろ側にあったもの。
素材は、最近はFRPでできているものが多い。ちょっと昔の鋼板製のやつはどうしても雨で錆びてしまう。それはそれで古びた味が出るのだけど、配達する人にとっては味とかいっていられないに違いない。

簡単に投函できて、保管は万全

郵便ポストの使命は、郵便物を簡単に出せること、そしてそれを安全に保管することだ。いまあるポストの素材やデザインは、それを果たすために必要な進化を着実に遂げている。

もともとは「書状集め箱」という木の箱だった。しかし燃えやすいということで鉄製になり、錆びやすいということでFRP製になった。風雨でも濡れず、もちろん誰にも開けられない。郵便ポストはいまや至るところにある。全国どこでも同じ形をしているから、出し方で迷うことはない。差入口は広くて胸の高さにあり、投函しやすくなっている。

その分、古いタイプのものはどんどんなくなり、新しいものに置き換わっている。自分の近くにどのようなポストがあるか、気がついたときに観察しておきたい。

郵便ポストの生態

珍しい郵便ポスト

規格から外れた独自のデザインのポストも無数にある。
そういうレアものに出会うのも楽しみの一つだ。

上野動物園のパンダポスト。
裏に回るとちゃんとしっぽがある！　かわいい。

巣鴨郵便局前のポスト。地蔵通り商店街のキャラクターが乗っている。

駒込駅前のサクラポスト。駒込がソメイヨシノ発祥の地であることにちなむ。

かつての郵便ポスト

コンクリート製の代用ポスト。戦時中に作られた、鉄以外の素材によるものを代用ポストという。鉄製にくらべ、長く使うと差入口などが壊れやすかった。

丸形庇付ポスト。明治45年から使われた。雨の日にも郵便物が濡れないように、差入口に庇がつけられた。

生息地

郵便ポストは人の集まる場所を好む。
主な生息地は、駅や学校、病院、商店などの前である。
とくに郵便局前には頻繁に出没する。

単独

ほとんどの場合は単独で行動し、群れを作らないが、まれに速達専用の郵便差出箱4号とつがいで発見されることもある。

色

ほとんど赤

色はほとんど場合、赤い。目立つことを好むためという説が一般的だが、詳しい経緯は分かっていない。速達専用の郵便ポストが青いのは、かつて生息していた航空郵便専用ポストの青色が遺伝したものといわれている。
赤い体色はとくに紫外線に弱いという性質があり、年老いたものは色褪せているものが多い。同時に鉄錆に侵されていることもある。風雨に耐えて長年立っている彼らを、そっといたわりたい。

雰囲気五線譜

大山顕
文・写真

子どもの頃ピアノを習ったおかげで楽譜が読めるぼくは、街中にあるてきとうに描かれた五線譜がすごく気になる。楽しげな雰囲気を演出するために正確性を犠牲にし、雰囲気だけで描かれたこれらをぼくは「雰囲気五線譜」と名付けた。カラオケのあるスナックやパブに多いが、花屋やレストランの看板でも見かける。目にするたびにむずむずする。

とはいえ雰囲気五線譜がいかにでたらめかをあげつらうつもりはない。逆に、これらを真に受けることによって五線譜そのものの奇妙さを浮かび上がらせよう。雰囲気五線譜は、音楽に詳しくない看板職人が作ったただの間違いではなく、実は音楽を支えるシステムへの懐疑を示した高度な批評作品なのである、と。

雰囲気五線譜をじっくり味わうために、ぼくはこれらの楽譜をむりやり演奏してみた。これが実に難しかった。いかに自分が「正しい」譜面に慣らされていたかを痛感。まず問題になったのは「その音程、どっちだ」というもの。「イヴ」①（106ページ）をご覧頂きたい。これぞ雰囲気五線譜！という作品だ。左の2音目、八分音符の形のアクロバティックさなど気になるポイントはいくつかあるが、ここで見てもらいたいのは左の1音目、そして右の最後の音符の音程のあやふやさだ。これが仮にト音記号の乗った五線譜だとすると、左はレのような気もするしミのような気もする。間をとってレのシャープを弾けばいいのだろうか。右はファのようであってソのようでもある。②の右の音符もドかレか迷うところだ。

これらの雰囲気五線譜が提起しているのは「なぜ音程は連続的ではないのか」という問いである。どうしてミとファの間の音は音楽で使われないのだろう。現在、普通の音楽では「ドレミ～」以外の音階は存在しないので、あれが自然で唯一絶対的なものだと思いがちだが、そもそも古代ギリシャにピタゴラスが、簡単な整数比で弦を分割すると和音が発生することを発見し、それが音程の基礎になっている。音階とは特定のコンセプトに基づいた音の可能性のひとつに過ぎないわけだ。

実際、現代音楽の世界では半音階よりさらに細かい音程差の音を出す指示をする楽譜がある。ペンデレツキやクプコヴィックといった作曲家の書いた楽譜には五線譜の一部を太い線で塗りつぶしたものがあり、演奏者たちは通常の音符では表現できない微妙に音程の違った音を同時に出す。「イヴ」は現代音楽なのかもしれない。

写真：@g_stand

写真：@g_stand

雰囲気五線譜最多出場は八分音符

見た目のバランスが良いためか、八分音符は雰囲気五線譜で最もよく出てくる。五線譜に八分音符を2、3個並べて満足し、楽譜として成立させる気がまったくないシンプルな雰囲気五線譜たち。一方、時には「らら」のように、いろいろ描きまくっちゃうケースもある。謎の星マークに勢いを感じる。(ぼくが「雰囲気五線譜」を集めていると知った友人たちが、見つける度に写真を送ってきてくれるようになった。写真の下に名前が入っているのもはそういう通報作品である)。

考えてみれば五線譜という形式では、1オクターブ違いの音は同じ名前なのに片方は線の上でもう片方は線と線の間に置かれる。これって合理的じゃない気がする。というか、そもそも音が「高い」「低い」というように表現されるのはどうしてだろう？「高い」音は実際楽譜の「上」に書かれるけど……などなど音程というものに関する根本的な疑問もわいてきた。雰囲気五線譜に真摯に向き合っちゃうとこういうことになるのだ。

さて、音程よりも頭を悩ませたのは拍子の問題である。ふつうの音楽、少なくとも一般的に耳にするポピュラーミュージックは「四拍子」とか「三拍子」というように、一小節の拍数が決まっていてそれが繰り返される。しかし雰囲気五線譜では、そもそも小節がない場合がほとんどだ。③は典型的な例。これを弾けないことはないのだが、小節が存在しない＝繰り返しのパターンがないのでちょっと困惑する。とくに最後の全音符が悩ましい。

写真：@g_stand

写真：@g_stand

雰囲気五線譜における音程問題

音符が曖昧な位置に置かれるのも雰囲気五線譜の魅力。②はシャープの位置も微妙だ。ト長調として通常置かれるファではなくてソに置かれているように見える。これを真に受けるとスパニッシュ・フリジアン・スケールということになる。高度だ。さすが音楽の家である。

写真：@g_stand

小節線問題

雰囲気五線譜で最も省略されやすいのは小節線である。現代音楽の一部には小節のない形式があるにはあるが、それにしたって繁華街で出会うものではない。⑤は最後に小節線が描かれてはいるが、その結果16分の7拍子というすごい変拍子に。難しい。

たとえて言うなら、一日が７回繰り返されて１週間、それが積み重ねられて１か月、１年、というようになっているはずが、一日のしめくくりがないといった状態だ。太陽がいつまでたっても沈まず、眠ることができなくてずっと起きたまま。いったいこの生活はいつまで続くのだろう、という感じ。「生活リズム」という言葉があるが、小節がないとリズムがなくなっちゃうのだ。

④はいちおう小節線があるものの、２小節目をどうしていいのか分からない。１日目は比較的すぐ夜が来て寝たものの、翌日は午前中の段階ですでに１日目分の時間が経っていて、このあと午後がどこまで続くのか分からないという状態。すごく疲れる。

これらの雰囲気五線譜によって気づかされたのは、「四分音符」とか「八分音符」という音符の名前の不思議さである。１小節を４等分した長さの音符だから「四分音符」。これは四拍子のときはその通りなのだが、三拍子の場合は「四分」じゃない。言葉の意味としては「三分音符」と呼ぶべきだ。

写真：伊藤健史

写真：@g_stand

波打ち五線譜

雰囲気五線譜の最大の特徴は、楽しげに波打っているという点にある。一見でたらめなように見えるが、モートン・フェルドマンというアメリカの作曲家によって発案され、その後多くのアーティストによって作られた「図形譜」と呼ばれる楽譜にも同様の奔放さが見られる。やはり雰囲気五線譜は現代音楽に通じている。

しかし、何拍子であろうと四分音符は四分音符と呼ばれる。

さらに、どうしてぼくらは決まった拍子を繰り返す形式を普通の音楽として楽しむのだろう？ というもっと根本的な疑問も浮かんでくる。西洋音楽の歴史において、楽譜の原型が作られた中世からルネッサンスにかけての時代、建築と音楽は共に「比例」と「分割」を理論の根拠にしたという（注1）。音程と同じように、拍子もまた特定の文化が作った音楽の可能性のひとつなのだ。

これに関しては、ルイスキャロル「不思議の国のアリス」にあるアリスといかれた帽子屋の会話が興味深い。アリスが「音楽の授業で拍子をとる（beat time）のを教わったわ」と言うと、いかれた帽子屋は「それだよ！時間は叩かれ（beat）たりしたくないのさ！」と返すのだ（注2）。雰囲気五線譜とは、ビートされることをいやがっている時間からの挑戦状なのかもしれない。つくづく、雰囲気五線譜に真摯に向き合っちゃうとこういう形而上な心境におちいってしまう。

（注1）『建築と音楽』（五十嵐太郎・菅野裕子／2008年／NTT出版）（注2）http://www.alice-in-wonderland.net/

楽譜に馴染みのない方には、いったい何が奇妙なのか分からないものもあるかもしれない。しかしまさにそのことこそが本稿で訴えたいことなのである。つまりぼくがここで示したいのは、知識や経験の違いによって街の風景は違って見えるということだ。

英語ができないぼくにはわからないが、外国語が堪能な方にはそこらじゅうにあふれる奇妙な英文が気になるという。樹木に詳しい人の目には、道路の街路樹や商業施設内の植栽がぼくとは違うように見えているだろう。そしてたぶん擬木が気になるはずだ。ルールを知っている人には、ルールからの逸脱が目立って見える。ぼくらはそれぞれのパラレルワールドに住んでいるのだ。

本書はそういう「パラレルワールド」を垣間見るための指南書だと思う。一方、すでに知識があって独自の世界が見えている人は、さらにそこから一歩踏み込んでルールそのものを考えてみてはどうだろうか。雰囲気五線譜はその一例である。

それにしても、ぼくがピアノを習い始めたのは10歳の頃だったが、同じようにピアノ教室に通っている同級生が男女問わずけっこういた。内閣府の消費動向調査によれば、ピアノの世帯普及率は調査が開始された1957年（昭和32年）の1.2%から一貫して上昇し続け、ぼくが生まれた1972年（昭和47年）には8.6%、ピアノを習い始めた10歳の1982年には18.0%とすごい勢いで増えている。6軒に1軒はピアノがあったとはおどろきだ。その後ピアノ普及率は平成元年に21.9%にまで達する。つまりあれはブームだったのだ。

これは推測だが、ぼくら団塊ジュニア世代が経験したこのピアノブームが80年代後半に起こったバンドブームの土台になったのではないだろうか。ご多分に漏れずぼくも高校時代はバンドを組んでいた。もちろんパートはキーボードだ。

ピアノブームによって音楽に明るい人が増えたのだとすると、今後「間違った楽譜」は姿を消してしまうかもしれない。実際、新しい看板ではあまり見かけない。だとすると、ちょっともったいない。雰囲気五線譜よ、永遠なれ。

写真：伊藤健史

写真：内海慶一

まさに現代音楽

ついに音符ですらない五線譜だ。前述の「図形譜」には音符ではなく言葉やイラスト、色などで示されたものがある。「譜面とは何か？」という20世紀の現代音楽において議論された哲学的な問いは、いまなおスナックやステーキ屋に息づいているのだ。

写真：@nyatsura

五線譜じゃなくて三線譜

雰囲気五線譜が通じているのは現代音楽だけではない。逆に西洋音楽の歴史を遥かに遡りもするのだ。現在の五線譜の元になった11世紀頃の「ネウマ譜」は四線であった。パブやスナックから、五線が当たり前だと思い込んではいないか？と諭された気分だ。

写真：伊藤健史

写真：@g_stand

ちゃんとしていたらしていたで不思議

「お、雰囲気五線譜があったぞ！」と近づいて見たらすごくちゃんとした楽譜だった、ということがときどきある。一瞬「なーんだ」と思ってしまう。しかし「なんで五線譜が描かれているんだ？」とあらためて不思議に思いもする。「雰囲気」に惑わされていたが、そもそも看板に五線譜を描くこと自体が奇妙なのだ。

写真：内海慶一

裏返り音符が愛おしい

数ある雰囲気五線譜にありがちなパターンの中でも、ぼくがもっとも気に入っているのは裏返った八分音符である。前述したように、その見た目の良さから八分音符は雰囲気五線譜で多用される。とにかく八分音符を描きたい！よく知らんけど！という熱意を感じる。愛おしい。

装飾テント

内海慶一
文・写真

装飾テントとは、日除け・雨除け・看板の役割を兼ねた店舗用テントのこと。日本全国ほとんどの地域で見ることができる、スタンダードな景観要素だ。一部の愛好家からは「装テン」という略称で親しまれている。また、デザインテント、店舗テント、軒先テントなどとも呼ばれる。

装テンの形状は多様で、まったく同じものは二つとない。傾斜の角度、幅、奥行きなどをじっくり観察すれば、一つひとつにオンリーワンの個性が宿っていることが分かるだろう。細かな分類は別の機会に譲るとして、ここでは基本となる三つの鑑賞ポイントを紹介したい。

この鑑賞の手引きを読んだ後は、ぜひ自分の住む街を散歩しながら装飾テントに目を向けてみてほしい。テント職人さんたちの飽くなき工夫の数々が、街にあふれていることに気づくはずだ。誰でも無料で、この創意に満ちた作品を鑑賞できる。

形　面タイプ

まっすぐ

折れ曲がり

カーブ

形　立体タイプ

まっすぐ

折れ曲がり

カーブ

装飾テントの形状を大きく分けると、一枚の面だけで構成されている「面タイプ」と、側面にもテントが張られて箱型になっている「立体タイプ」がある。ここに注目するだけでも、ずいぶん見え方が変わってくるはずだ。また、面タイプ・立体タイプ共に、テント面そのものが「まっすぐ」なのか、「折れ曲がっている」のか、「カーブしている」のかといった点にも注目すれば、さらに鑑賞が深まる。

タレ

波形のタレ。波の幅や深さにも注目してみよう。

テント地とタレの色が異なっているタイプ。

半円型のタレ。「深く切り込んだ波」とも言える。

立体タイプだが、前面にのみタレがついている。

平面タイプのテントに、波のないフラットなタレ。

文字の書かれている部分がほぼタレ。長い。

タレとは「垂れ」のこと。テント下部に垂れ下がっているヒラヒラ部分をタレと呼ぶ。波形にカッティング加工されているものが多いが、中にはテント生地がそのまま延長しているだけの無加工タイプのタレもある。このタイプは一見、タレがついていないように見えるので注意が必要だ。まずは「タレつき」か「タレなし」かを判断し、タレがついている場合は、形、長さ、色に注目して鑑賞してみよう。

骨

前面上部以外はすべて骨見せ。

下部のラインのみ骨見せ。

側面の骨を意匠に利用している。

装飾テントの構造材である鉄骨を「骨」と言う。骨はテントの形状を決定しているだけではなく、それじたいがデザイン要素の一部になっている。骨が見えている装飾テントも、骨が隠れている装飾テントも、どちらも偶然そうなっているのではない。テント職人が意図的に選択しているのだ。「骨見せ」と「骨隠し」それぞれの味わいの違いが分かるようになれば、もう立派な装テン鑑賞家だ。

側面上部以外はすべて骨見せ。

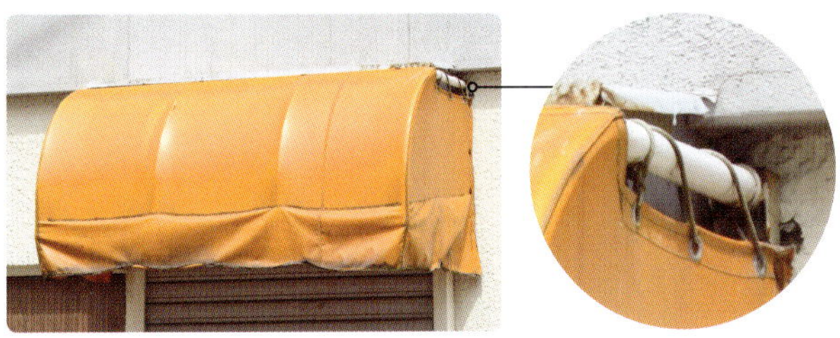
側面上部のみ骨見せ。

さまざまな装飾テント

先に解説した「面／立体」という分類は、装飾テントの形状を大まかにつかむための便宜的な見方にすぎない。街を歩いてよく見れば、装テンが驚くほどバラエティ豊かであることに気づくだろう。形状だけではない。色や質感、タイポグラフィ（文字）なども鑑賞ポイントだ。ここに掲載しているものはほんの一例。あなたの街にも必ず、新鮮な発想と精緻な技能によって生み出された装飾テントがあるはずだ。

透かしブロックのなかま

ブロック塀の中で、透かし模様が入ったもの。
塀の模様にリズムをつけたり、ブロック塀で遮られた風を通したりする。
多用しすぎると壁としての強度が落ちてしまうので気をつけないといけない。

もっともよく見かける。ブロック塀の業界では「松」という名前で扱われることがある。青海波（せいがいは）という日本の伝統文様にも似ているため、そうも呼ばれる。

青海波の下二つが横長になったもの。これも非常によく見かける。青海波と交互に並べるといったパターンもある。

青海波の中央部分が直線になったもの。桂機械工業というメーカーはこれを「三山崩し」と命名している。

シンプルな菱形。青海波と並んでよく見かける。透かしブロックを語る上で欠かせないタイプの一つ。ダイヤとも呼ばれる。

菱形を二つ組み合わせたパターン。「違い菱」という家紋のようにも見える。

菱形の辺が反った、「反り菱」家紋のような形。街中でふつうに見かける透かしブロックは、これらのように青海波か菱形のバリエーションによるものがとても多い。

日本の伝統文様に特に影響を受けていないタイプももちろん多い。これはバッテン、あるいはローマ字のXのように見える。

ローマ字のXを二つ並べたような形。桂機械工業による命名は「ダブルX」。耐震補強の筋交いのようにも見え、若干強そう。

直前のXからの連想でいうと、ローマ字のYに見える。X、YときたらZを期待するが、残念ながらZ形は見かけたことがない。存在はするようである。

丸が基本となったパターンもある。四角いメガネをかけた人の目のようでもある。

家紋風にいうなら「三つ穴」。透かしではないコンクリートブロックにはもともとこういう穴が縦方向に空いている。それを横向きにしたともいえる。

円の4分の1周を二つ向き合わせた形。もしもこれを敷き詰めたら一周分の円が各所に出現するのかもしれない。単体だと漢数字の四に見える。

映画スターウォーズに登場する機動歩兵（ストームトルーパー）の顔のように見える。実はすでに紹介したローマ字のY型ブロックを上下逆に置いたもの。

目を見開き、とても険しい顔色である。古代の石像にありそうだ。額に塗り物をしているので、インド方面の神々かもしれない。

よく見ると、口を大きく開けてエサをねだるヒナのようにも見える。ちょっとかわいい。

コンクリートブロックではない塀の上部を透かし彫りしたもの。とても凝っていて、桜や竹などのパターンがある。

同じブロックと隣り合うことによって透かし模様が浮き上がるパターン。

上下のブロックの間に、丸いブロックを半分ずらして入れるパターンなども見られる。

家紋風にいうなら、「反り菱に半円」となるだろうか。分解するとそういう形なのだが、見た目には人の顔のようでもあり、なんとも不思議なデザイン。

中国の「雷文」という伝統文様に、似ているといえば似ている。ラーメンの器のフチに書いてあるあれである。魔除けの謂れがあるそうなので、塀にある意味もばっちりだ。

レンガである。そんなのもありなのかと思わずにはいられない。この例は4本だが、2本、3本などのものも見られた。

透かしブロックのなかま

透かしブロックの図解

コンクリートブロックの規格はJISで定められているため、
その透かしブロックももれなく幅と高さが統一されている。
幅39cm、高さ19cmと中途半端に見えるが、目地の幅1cmを足すと
キリがよくなる。目地はモルタルが使われる。
素材はもちろんコンクリートだが、表情はさまざまだ。

ばっちり塗られたもの

窓から覗いているもの

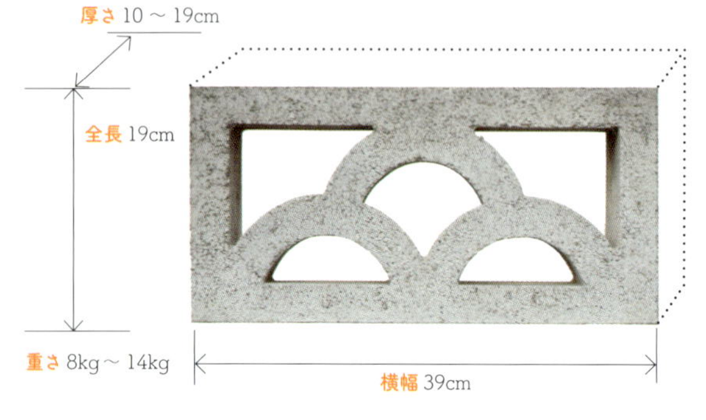

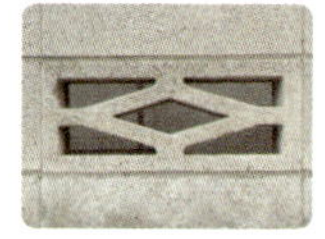

デザイン上の制約として、透かし模様は四方の枠の少なくとも一つに
十分に接する必要がある。これは主に強度上の制約である。たとえば菱形の場合、
上下の枠に接する部分はずいぶん枠にくっついている（右上）。そして左右に接す
る部分も、枠にずいぶんめり込んでいる。
菱型を宙に浮かせたい場合は、こんなデザインになる（右下）。プラモデルでいう
ならば、ランナーである。四方の枠から、中央のデザインを支えるための腕を伸ば
すのだ。透かしブロックのデザインには、このような制約と工夫が存在している。

統一規格の中でこそ、無数のデザインが生まれた

透かしブロックはコンクリートブロックの一種であり、寸法は高さ19cm、幅39cmにほぼ統一されている。この約1:2の横長のキャンバスに、どのようなデザインを描くのか。そこが職人たちの腕の見せ所となった。材質はコンクリート、デザインは上下左右の枠のどこかには必ず接しなければいけない。文字数の定まった俳句と同様、キャンバスや制約が定まっているからこそ作りやすかったというところはあるだろう。

ブロック塀の続く通りを歩くと、隣り合う家どうしの透かしブロックは微妙に違っている。模様が違うこともあれば、模様は同じで配列が異なる場合もある。そこには少なくとも、隣とちょっと違うのがいいという家主の意図があると想像する。もうちょっと違う透かしブロックない？　という家主の注文が、さまざまなデザインを引き出したのではないだろうか。

透かしブロックの生態

群れの形

彼らは仲間と直接隣り合うということはない。少なくとも1ブロックの距離感を保つという性質がある。
その理由はブロック塀を構成するコンクリートブロックの構造にある（右下写真）。縦方向に穴が空いていて、そこにモルタルと鉄筋を通して基礎につなぐことで、塀全体を補強するのである。
ところが、透かしブロックは縦に穴があいていないことが多いため、鉄筋を通すことができない。そのようなこともあり、透かしブロックは二つ以上連続させないというのが日本建築学会の基準になっている。

まるでスターウォーズの機動歩兵団が向こうから列をなしてやってくるようにも見える。

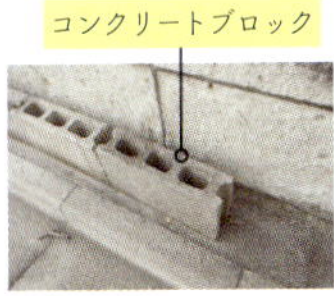

とはいえ、こんなふうにすごい勢いで連続しているものを見かけることもある。果たして大丈夫なのか。
いろいろな意味でちょっと気になる。

穴は「入口」か「出口」か

透かしブロックには穴が空いているが、本来とは異なる使い方をされることがある。上はヒナ形の口にペットボトルが突っ込まれている。ヒナに対する給餌のようにも見えるが、もちろんこんなことをしてはいけない。下は花壇になっている。庭にはたいてい植栽があるから、このようになっているケースも頻出する。

寄生されやすい

こんなふうにゴミ置き場のネットを固定するために使われることもある。青海波の模様の交点を巧みに使う技術に注目したい。「そこに固定する場所があったから」。そんな声が聞こえてきそうである。

群れの形

老いたブロックの中には、長年の風雨にさらされ、洞穴のような風貌となるものもある。

終焉

悲しいのは、こんなふうに塗り籠められてしまうことである。せっかく透かしブロックとして生を受けたのに、家主の事情一つで一介のコンクリートブロックにされてしまう。そのような物語もあるということだ。

外壁のなかま

建物の一番外側を覆う壁。
雨や風や火に負けず、丈夫なことが求められる。
古くから木や石が使われてきた。最近では金属やセラミックの素材が多い。

下見板張り

上の板を下の板に一部重ねるようにして、雨の侵入を防ぐ。戦前の家屋に多い。

木造モルタル

木造建築をモルタルで覆ったもの。モルタルとは、セメントに砂と水を混ぜたもの。ただの木造に比べて燃えにくい。戦後に多く、昭和の後半までは主流だった。

大谷石

栃木県宇都宮市大谷町で採れる石材。柔らかく加工しやすい。ところどころに空いている穴は「みそ」と呼ばれて、味わいになっている。

伊豆石

石垣などで見かける。伊豆周辺の溶岩が冷えて固まってできた岩で、とても硬い。江戸城の石垣はわざわざ伊豆から岩を船で運んで作った。

レンガ（テラコッタ）

粘土を干したり焼いたりしてブロック状に固めたもの。写真のような素焼きのものはとくにテラコッタとよばれる。

タイル

粘土を焼き固めてブロック状にしたもの。レンガより薄い。水汚れを防ぐなどの目的で釉薬を塗ったものは、写真のようにキラキラ光る。

窯業系サイディング

セメントに木などの繊維を混ぜて固めたもの。窯で焼くこともある。繊維を混ぜることで引っぱり強度などを補強する。最近の戸建住宅に多い。

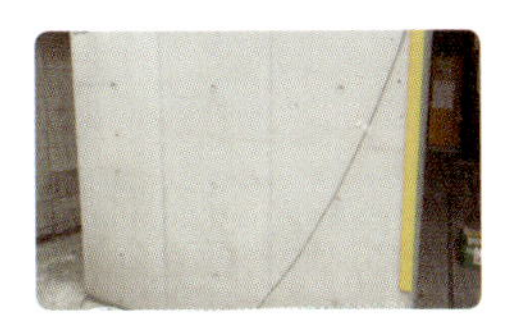

コンクリート打ちっぱなし

コンクリートを打設して、その上から何も覆わない状態。ポツポツあいている穴は型枠を固定するのに使うセパレーターの跡で、セパ穴と呼ばれる。

鋼板

鋼板にメッキをしたもの。亜鉛でメッキしたトタンや、アルミも足したガルバリウムなどがある。写真は後者と思われる。

御影石

花崗岩ともいう。生まれは地球の奥深くで、とても固い。ごま塩みたいな模様が特徴。全国に産地があり、「稲田みかげ」のように産地ごとの名前がついている。

万成石

岡山県の万成で採れるピンク色の御影石。その色から桜御影とも呼ばれるが、地元の石材組合では「桃色」と紹介している。さすが岡山である。

石灰岩

サンゴや貝殻などの石灰が堆積してできた岩。アンモナイトなどの化石が含まれるものも多い。石灰岩が一度ドロドロに溶けて再び固まったものは大理石と呼ばれる。

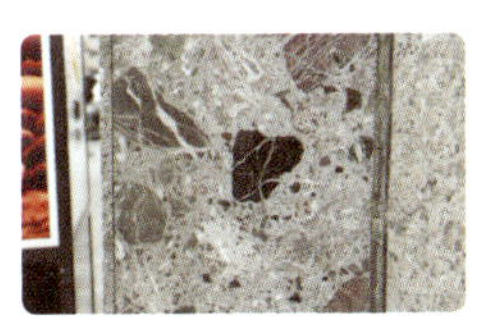

テラゾ

人工の岩。本物の岩を並べて、その間をセメントで埋める。最後に薄くスライスするとできあがり。

壁面緑化

ツル性の植物を壁面に絡ませたもの。ツルが絡みやすいように金網状の構造にしたりする。景観の向上や、外気温を下げる効果があるといわれる。

漆喰

水酸化カルシウムに植物の繊維やのりを加えて、土壁などの上から塗ったもの。蔵や城などにも使われ、高級感がある。

リシン仕上げ

リシンという塗料に砂粒のような骨材を混ぜて吹きつけたもの。目は細かく、ざらざらした仕上がり。

吹き付けタイル

樹脂などを含む塗料を吹きつけて凹凸をつけたもの。左のリシン仕上げより滑らかで、内部は複数の層になっている。

ヘッドカット（吹き付けタイル）

塗料を吹いた後、上からローラーなどで押さえて凹凸をならしたもの。模様が大きく見える。ヘッド押さえともいう。

外壁のなかま

外壁の図解

各部名称と役割

外壁にはさまざまな素材が使われるが、燃えにくくて丈夫で長持ちすることが求められる。一番外側に見えているタイルなどの部分は外装材と呼ばれる。デパートやオフィスビルなど高級感を演出する建物の外壁では石灰岩や大理石が多用される。種類によってはアンモナイトやベレムナイトなどの化石が多く含まれ、観察の対象となる。

アンモナイト

ベレムナイト

時代や地域に応じて、最適なものが選ばれてきた

古来より、人は木や石や土、動物の毛皮など身の回りにある天然の素材で住居を守ってきた。そして時代が進むにつれ、レンガやコンクリートなど時代ごとの最新の素材を使うようになった。外壁には地域性も現れている。石灰岩を産出する地域では石灰岩が、乾燥地域では土壁が使われたりする。身の周りのものをうまく活用するという点では、鳥やビーバーが木の枝や泥などをたくみに使って巣を作るのにも似ている。

最近の潮流は人工素材だ。加工しやすく、丈夫で燃えにくい。そして安価なものが実現できる。最近の一戸建てではとくによく見かける。一方で、長く使ってきた天然素材への信頼感は失われていない。だから人工素材のテクスチャーを天然素材に擬態するということが起きる。住宅建材メーカーのカタログには、木目調、大理石風など、既存の素材風の商品が並ぶ。一見倒錯にも見えるが、それが現在においての最適解だということなのだろう。

外壁の生態

加齢

生まれたばかりの外壁はピカピカだが、老いるにつれて味わいが生じてくる。
建物の所有者は必ずしもそれを歓迎しないが、鑑賞ポイントの一つである。

大谷石のような天然石にはコケが生えてくることがある。古い路地のサインでもある。

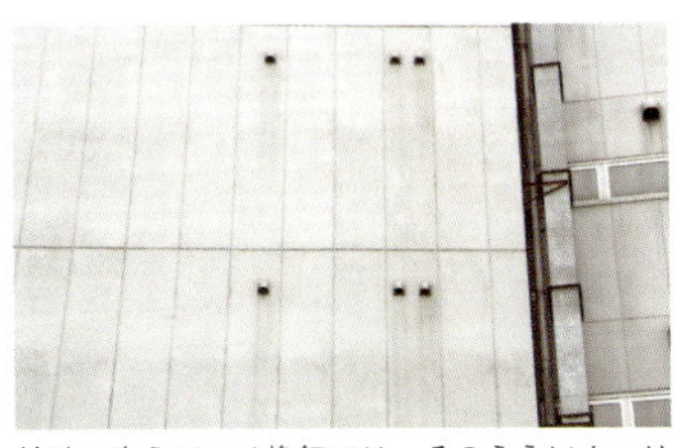

外壁に生えている換気口は、そのうえにホコリがつもる。たまにふる雨によって流されると、このように外壁の模様となる。このように雨がつくる汚れも外壁のアクセントとなる。

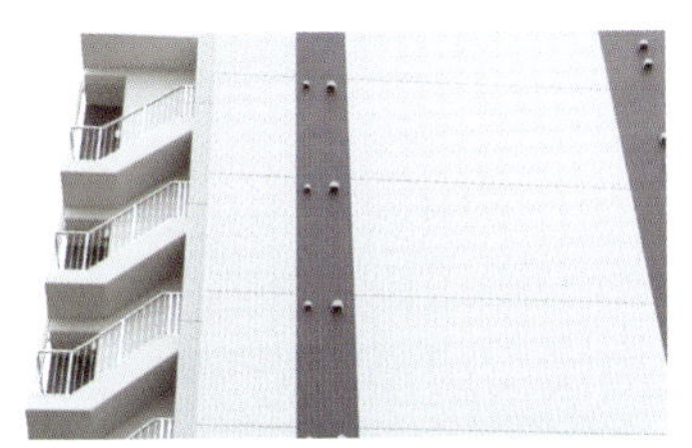

それを避けるために、初めから換気口のラインに色を塗っておくというパターンもある。そう来たかという感じである。

これも雨汚れが美しい。この場合は最上段の外壁の目地に沿って雨水が落ちている。
このようなものを目地パターンと呼んでいる。

これは支柱パターン。白い支柱の真下が集中的に濡れているのが分かる。
このように、外壁は置かれた状況に応じて異なるエイジングの味わいを見せる。

擬態

外壁はまた、擬態することもある。

これは木に擬態したパネルの例。木目は印刷である。
内装、外装を問わず、
木に擬態するパターンは
非常に多い。

これはレンガに擬態した例。
じっさいは印刷である。
それぞれの素材が提供する
雰囲気は欲しいが、
施行やメンテナンスは
大変だという事情が見える。

送水口のなかま

佐々木あやこ
文・写真

ビルの外壁に、あるいは玄関先に。時には商店街のアーケードに。
ひっそりと佇んで街の安全を見守る金属塊。
その名は、連結送水管送水口。
消防車からの放水が届きにくい場所に水を送るために設置される施設である。

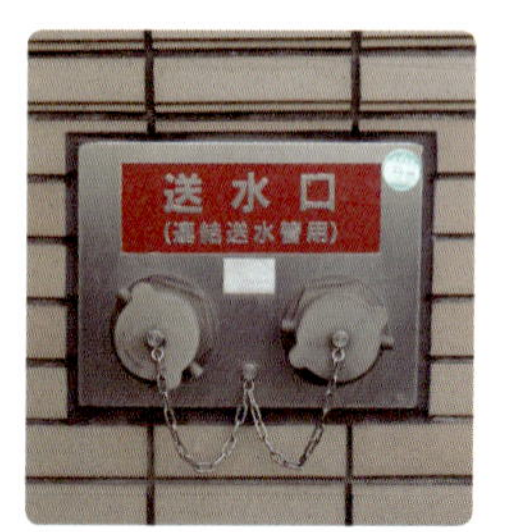

壁埋設型

埋まっているタイプには、「壁埋設型」と「露出型」がある。現在多く見かけるのは壁埋設型。

露出Y型

重厚感たっぷり。貫禄の逸品多し。露出型こそ送水口の原型ともいえる。

露出型単口

創生期の短期間のみ使われた連結送水管用単口送水口。まるでミニチュアのような愛らしさ。レア品。

自立型

地面から生えているタイプの送水口は、自立型またはスタンド型と呼ばれる。建物外壁から道路まで距離がある場合に適している。

自立縦型

写真のように、本体と立管部を一体成型したものも最近は登場した。

自立横型

「宇宙から来ました」と言い出しそうな外観。

壁埋設型　多連式

自立型　多連式

大規模な建物では、連結送水管送水口の他、スプリンクラー用やドレンチャー（カーテン状に散水して延焼を防ぐ設備）用の送水口を設置する場合がある。

転用タイプ

アーケード商店街では、水の送り先は屋根の上。屋根ができたことにより放水困難となったビルの側面を消火するために設置される。これは自立型が吊り下げられたタイプ。稀に力技で露出Y型が吊り下げられている商店街もある。

二代目外づけ送水口

老朽化した送水口に代わって取りつけられた送水口。建物内部の配管交換をせず、外壁に沿わせて新たに設置する場合が多いようだ。これは壁埋設型なのに埋設してもらえないケース。通常では見えない配管や弁などが見えて嬉しいときもある。

送水口の自己紹介

文字は、機械彫刻、飾り板と一体鋳造、別に鋳造して貼りつけ、シールに印刷など多様。
アルファベット、片仮名表記の送水口は基本的に昭和30年代までのものであり、非常に貴重。

STANDPIPE

SIAMESE　CONNECTION

送水口の隣人たち

似ているけれど、違うよ！

採水口

建物に設置されている防火水槽に接続、消火用水を供給。

自立型採水口

採水口のダボは送水口より長いことが多い。上部の突起は開閉弁。

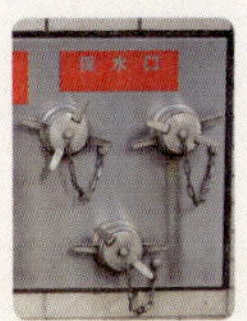

壁埋設採水口（3口）

口数は消防用水の容量によって法令で定められている。

逆涙型採水口

逆涙型の飾り板は南北製作所のみ製造していた。

屋外地上式消火栓

上水道に接続して消火用水を供給。

砲弾型屋外地上式消火栓

地域によって色や形がさまざま。これは「砲弾型」と呼ばれる。

シャッター開閉用送水口

消火用水を送るためではなく、非常時に消防隊が水圧を利用してシャッターを開けるために使用。

シャッター開閉用送水口

レアな連結送水管単口送水口とよく誤認されるが、こちらは駅や商店などでよく見かける。

送水口のなかま

送水口の図解

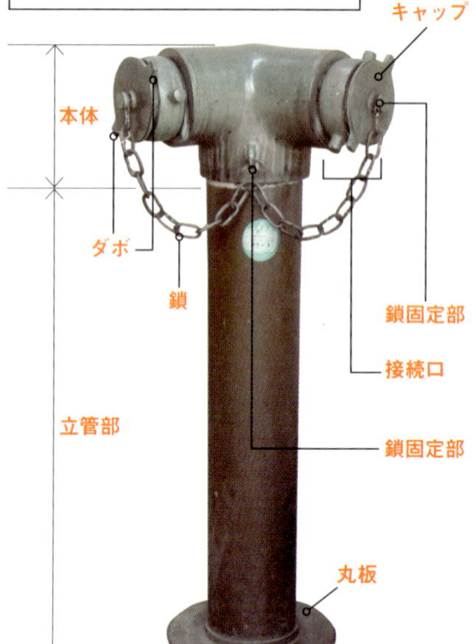

各部名称と役割

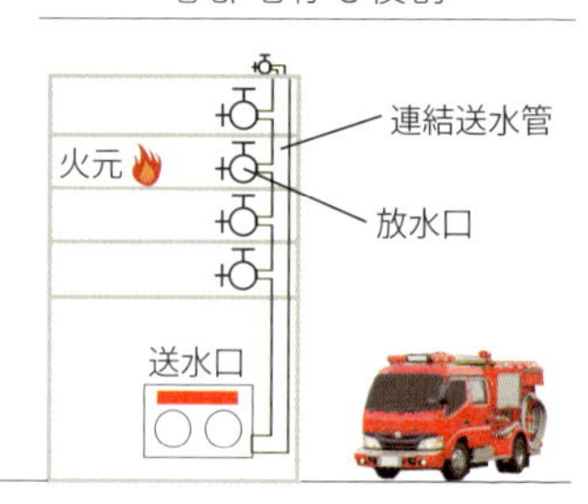

送水口は、消防車からの放水が届きにくい場所、例えばビルの高層階、地下街などに水を送り届けるための「消防活動上必要な施設」である。 消防車両が接近しやすい場所に、接続口が地上 50 ～ 100cmとなるように設置される。

現在の設置基準は、

- 地上 7 階以上の建物
- 地上 5 階以上で延べ面積 6000m²以上の建物
- 1000m²以上の地下街
- 延長 50m 以上のアーケード

と、法令で定められている。

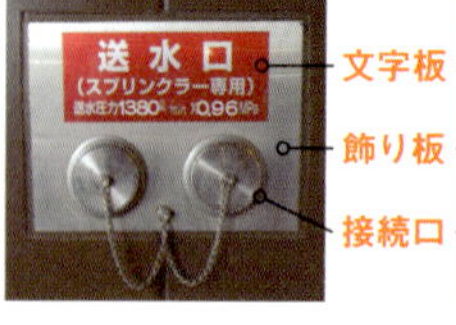

送水口の接続口は二種類ある

東京都のみ、ねじ式を採用し続けてきたが、2015 年春より差込式を導入。10 年後、ねじ式はレアになっているかもしれない。

ねじ式接続口

接続口を回転させてホースを繋げる。接続口にダボ（突起）あり。

差込式接続口

ホース差し口を押し込み、送水口側内部の爪に引っかけて繋げる。

アダプター付き

新潟や川崎など一部の都市では、ねじ式が残っている場合がある。写真は、接続口を取り替えずにアダプターを付けて対応している例。

送水口の生態

スタイル　上から見ると、その角度や形状が送水口によって違う。

75 度の貫禄

120 度の貫禄

アトムのおしり的な

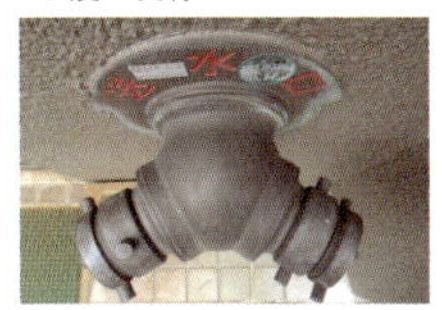
筋肉美

幼虫…？

望遠鏡

ロゴ

昭和 50 年代くらいまでの送水口には、メーカーやその建物の配管業者を示すロゴマークがついていることが多い。

①村上製作所②建設工業社③立売堀製作所④横井製作所⑤南北製作所⑥岸本産業

おしゃれなキャップたち

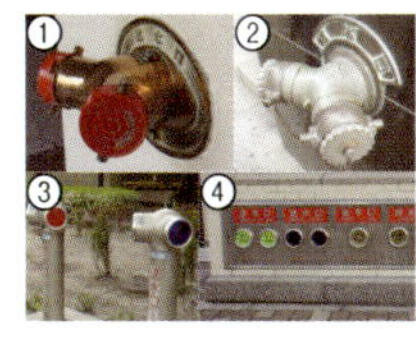

異物の侵入を防ぐためのキャップも、よく見ると個性豊か。

①赤キャップ②ギザキャップ③隣り合っても主張は異なる赤青アクリル蓋④色々アクリル

「専守防衛」、孤高の生き方を貫く送水口

送水口の役割は「果たされないのが幸せ」である。活躍するときは、建物や施設が火災で危機に陥ったときなのだから。

とはいえ、常に自らの状態を完璧にしておかなければならない。接続口に異物はないか、配管に僅かの漏れもないか。そのように緊張しつつも自らに光が当たらないよう願いつつ生きる送水口。なんという慎ましさであろうか。

元来送水口は戦後復興と技術発展の証でもあった。再生する都市にそびえ立つ高層建築。その安全を証明するが如く、重厚で豪華な送水口がメーカー名を背負ってその玄関口につけられたのだ。

今では設置すべき物件も増え、送水口は特別なものではなくなってしまった。更には美観のためという理由から、ビルの側面や囲いの中に設置されることも多くなっている。それでも送水口は嘆くことなく精進を続けることだろう。

そんな送水口に、これから少しだけでも目を向けてみてほしい。

送水口鑑賞ノート

木村絵里子
文・写真

我々は他者の影響から逃れて生きることができない。
送水口も同じだ。彼らを管理している人間や、世話焼きのご近所さん、通りすがりの人々、強い日の光、大気の汚れを含んだ雨、厳しい風、わがままな草木、長い時間。
いろいろなものが関係して送水口の個性を作り上げている様を、名前をつけて鑑賞する。

[おそなえ]

いつ来るとも知れない災害に備え、風雨に耐え忍ぶ送水口の姿は尊い。空き缶や空き瓶、落とし物などが放置されているだけでも、まるでお地蔵様への「お供えもの」のように思える。ときおり送水口の頭に丸い輪の染みがついている（よく見るとこの写真にもついている）。空き缶などが長時間乗っていた跡なのだが、敬意を込めて「天使の輪」と呼ぶことにしている。

[うもれ系]

送水口が街路樹に覆われている状態をいい、春から夏にかけてが旬だ。ふかふかと葉っぱに埋もれる姿は、災害のない平和なひとときのよさを改めて思い起こさせてくれる。

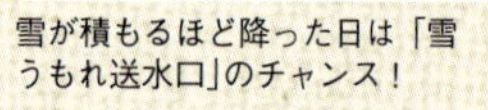

雪が積もるほど降った日は「雪うもれ送水口」のチャンス！

[ぴったんこう]

壁埋設の四角い送水口が、タイルなどのグリッドに沿ってぴったりとはまっている様子を「ぴったんこう」と呼んでいる。配管の位置との兼ね合いや、飾り板のサイズ調節などの設計が必要なため、なんとなく設置しただけではぴったんこうになることはできない。だから視線を送水口の四隅に滑らせて、すべて角が揃っていたときの感慨はひとしおだ。半端を許さず美しさにこだわった施工者に拍手を送ろう。

[そうすいこん]

かつて送水口のいた場所が「送水痕（そうすいこん）」として残されることがある。完全に取り払って連結送水管の穴をセメントなどで埋めたり蓋で塞いだもの、飾り板だけ残したもの、送水口は残しながら接続口を埋めたものなど、さまざまだ。送水痕の近くには二代目が元気よく寄り添っているので、見守る先代から送水口の心得を伝授されているに違いない。

[副業]

送水口には「副業」を営むものがいる。本来の使命である消火活動ならびに定期点検の隙間時間を有効活用して、看板を掲げていたり、物を支えていたりするのだ。仕事はなかなかハードなことが多いが、文句のひとつも言わずに黙々と頑張っている姿には心を打たれる。副業が板について、もはやどちらが本業か分からなくなっている送水口もいる。

路上に佇む送水口には
一つとして同じものがない。
形が同じでも、色味や汚れ方、周囲との
調和の仕方によってはまるで別人だ。
そういう意味では、より年月の経った
送水口のほうが味わい深いのも事実だ。
これからも火災が起こらず、送水口に
穏やかな日々が訪れ続けることを
切に願ってやまない。

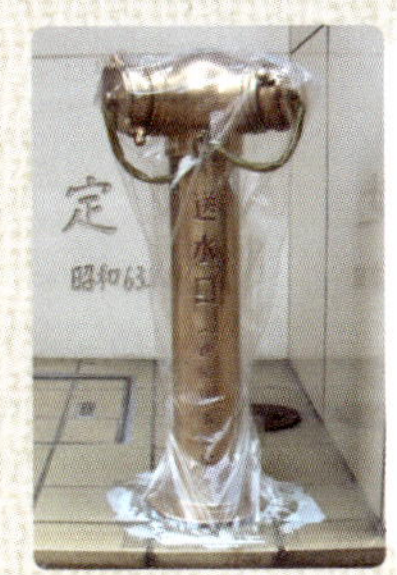

[包まれ系]

汚れ防止が主な目的と考えられていて、ビニールが劣化しても送水口自体は金ピカに輝いていることが多い。お土産屋さんの奥の棚で袋に包まれたままほこりを被っている置物状態だ。点検で使用不可になった送水口が、ミイラのようにぐるぐる巻きになって封印されるケースもある。

[アート]

意図しない状況に陥った送水口には想像をかき立てられる。それとは逆に、誰かの手によりアート的な要素を付加された送水口もある。送水口を送水口のままにせず、積極的に作品に組み込む「ほっとかない」姿勢にはまた違った感動がある。

シャッターのなかま

**店舗や事務所の出入口を閉じるための施設。たいていスチール製。
訪れた店舗のシャッターが降りていても残念がらず、シャッターそのものを見てみよう。
いくつかの鑑賞ポイントもある。**

軽量シャッター

もっともよく見かけるタイプ。比較的小さい間口に使う。軽めで、両手の力で上げ下げすることができる。

グリルシャッター

スケスケタイプ。骨組みだけでできているので、景観的に圧迫感を与えない。

重量シャッター

間口の広い大きな事務所や店舗の入口に使う。重くて手では持ち上げられないので、たいていは電動式。

排煙シャッター

上部がグリル式になっていて、煙を逃がすようになっている。採光もできて一石二鳥。

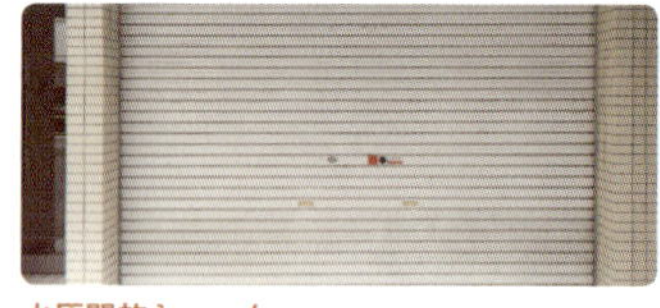

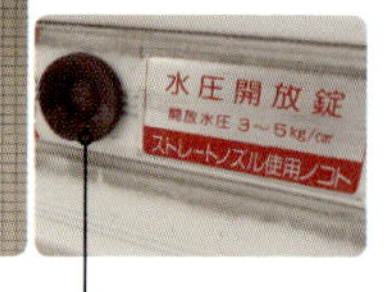

この黒い部分から放水する

水圧開放シャッター

なんてことないシャッターに見えるが、よく見ると「水圧開放錠」という穴が空いている(右の写真)。ここに消防隊がすごい水圧で放水すると、自動的にシャッターが開く仕組み。

まず近づこう。そうすれば違いが分かる。

彼らの使命は防犯や防火だ。だから頑丈でとても重い。毎日静かに誰かの侵入を防ぐ働きぶりは真面目で、派手さは見られない。この本で取り上げているものはどれもたいがい地味だが、その中でもシャッターはかなりの部類に入るだろう。どれも灰色で無地、装飾はあまり見られない。

しかしそれは遠目に見た場合の話だ。近づいてよく見れば、実はそれぞれ少しずつ違うということがよく分かる。素材、テクスチャー、方式、スラットのパターンなど、隣のシャッターはどこかが少しずつ違う。そしてまた経年によって生じた模様も少しずつ違う。彼らを見かけたら、まず近づこう。いろいろな味わいが隠れている。

シャッターのなかま

シャッターの図解

各部名称と役割

一般にシャッターと呼んでいる部分はシャッターカーテンという。
カーテンを構成する一枚一枚の板はスラットといい、これを巻き取りシャフトに巻き取ることで
全体を開閉する。スラットの素材はアルミやステンレスが多い。重さは軽量シャッターであっても十分重く、
たいていはバネが仕込んであって手での開閉を助けるようになっている。

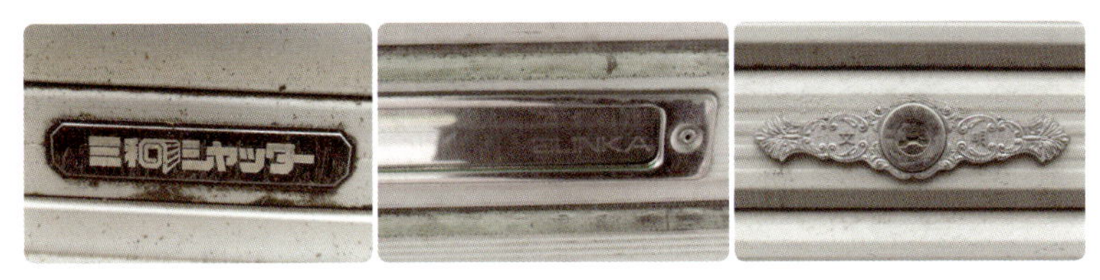

シャッターのメーカー名は、たいてい一番下の方にシールやワッペンが貼ってあるので分かる。
たとえば左写真は業界の雄、三和シャッター。もしこの部分に何も書いてなければ、
郵便受け部分を見てみよう。中央の写真はよーく見るとBUNKAと書いてある。
文化シャッターだ。それでもダメなら、鍵の部分を見てみよう。右写真。
ほら、「文明」と書いてある。文明シャッターだ。

シャッターの生態

年老いたシャッターは味わい深い

主役は、長年のほこりと雨が作った汚れだ。
左写真など千住博による日本画「ウォーターフォール」を彷彿させる見事さである。
なにしろ実際の描かれ方も滝そのものなのだ。
中央写真の表面に描かれたこのような汚れのパターンも見逃せない。
これは、シャッターを巻き上げる際にシャッターと触れる「押し上げ車」の跡だ。
「巻き上げ跡」と呼んでいる。
巻き上げ跡は、シャッターの真ん中や両脇近くに現れることが多い。
その位置やパターンはシャッターごとに違う。すべて、見事な巻き上げ跡である。

一方、生まれたばかりのシャッターはスラットが美しい

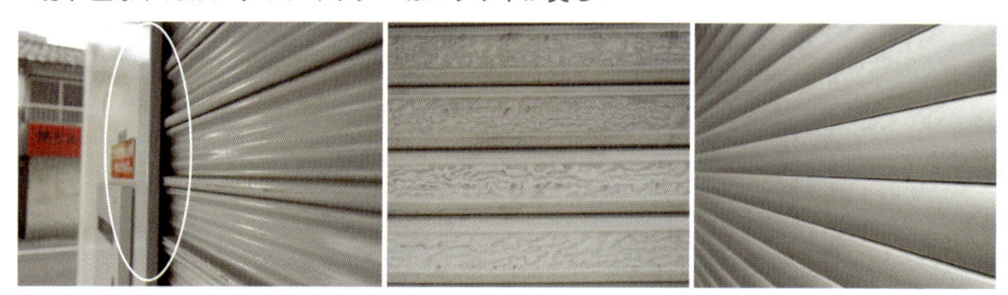

スラットはシャッターによってその表面のパターンがまったくといっていいほど違う。
それを見るために一番いいのは、ガイドレールに接して暗くなった部分である（左写真）。
タツノオトシゴのような複雑な曲面になっているのが分かる。
蛇紋のようなテクスチャーのものもあるし、「ザ・洗練」といったたたずまいのものもある。
それぞれ実はとても個性的なのである。

擬木のなかま

伊藤健史
文・写真

擬木の区分

どう見ても木ではないが、見れば見る程そこには「木っぽさ」が詰め込まれている。閑静な景観に溶け込もうと木に擬態しているコンクリートやプラスチックの柵や柱、擬木と呼ばれているなかまたちである。

よく見かけるのが公園や緑地で通路に柵として擬植樹（擬木を植樹：勝手に作った用語）されている姿だ。（社）日本道路協会が発行する「防護柵の設置基準」によれば、いわゆる「防護柵」の「歩行者自転車用柵」は「横断防止柵」と「転落防止柵」に区分されている。

この2種のわかりやすい違いは高さで、路面から横木の上面までの高さが 70 ～ 80cm のものが「横断防止柵」、「転落防止柵」は 110cm と高く、子供がよじ登れないように格子を縦に付けるよう推奨されている。メーカー各社のサイズや仕様はこの基準に準拠しているものが多い。

横断防止柵

歩車道との境界や立ち入り禁止区域との境界などに擬植されている。

転落防止柵

公園内の池など転落すると危険なところに用いられる。隙間から侵入できないよう、縦に格子が入っている。

コンクリート製、プラ製…擬木の歴史

コンクリート擬木で有名なメーカーがナベシマ。PC 擬木というプレキャスト製法による擬木を開発し、大量生産を可能とした。東京都の横川弁天池公園では様々なバリエーションの擬木柵を観察することができる。ここの擬木の擬樹皮（勝手に作った言葉、ようするに樹皮）は焼き杉仕上げである。

コンパクトながら多様な草木と擬木に囲まれた癒しのある親水公園。

鎖外柵１号

D-1 外柵

広葉樹でよく見かけるのはクヌギ仕上げ。クヌギは里山の雑木林を構成するだけでなく、良質なシイタケの原木として利用されている。近い将来、擬シイタケ付きのモデルも登場するのではないか。どこにニーズがあるのかわからないが。

我々の暮らしになじみの深い樹だ。ほら、なじんでる。

玉川上水（東京都）ナベシマ製D-1外柵クヌギ仕上げ。

近年では腐食や劣化に強いプラスチック製擬木も増えている。前田工織が有名だ。

観音崎（神奈川県）の外柵。

教育の森公園（東京都）のロープ柵。

擬木の歴史はおよそ100年、新宿御苑には日本最古の擬木として明治38年に施工されたコンクリートとモルタル造りの擬木欄干が存在する。これはフランスで製造され、日本に持ち込まれたものだ。

こってりと厚く盛られた樹皮にはシワが深く刻まれ、根株の樹皮がはがれて露出した幹の表情なども実にリアル。

100年以上の時を経て、本物の古木にも劣らぬほどの味わいを醸し出している。

古い日本製擬木は昭和初期に東京市2代目公園係長、井下清の奨励のもと、左官師の松村重によって製作された擬木柵や欄干を東京都内のいくつかの公園で見ることができる。（参考：栗野隆「近代東京における擬木擬石づくりの名手、松村重の足跡」ランドスケープ研究2015年5号）

大塚公園（東京都）の通路に設けられた擬木柵。厚めの樹皮に力強く刻まれた皺が古木のガサガサ感を表現。

年輪も繊細。乾燥によって生じる木口割れも再現。

擬木柵に護られた傘亭もすばらしい。本物の茅葺きと見紛う程のできばえ。

有栖川宮記念公園（東京都）の擬木柵。樹皮の厚みやめくれ具合も絶妙。樹皮のモデルはコナラだろうか。

いろいろな形態

東屋（あずまや）

公園や庭園で休憩所として設けられるシンプルな建屋。四阿とも表記される。柱や中のイス・テーブルが擬木仕上げとなっていることが多い。

渡良瀬川遊水池（群馬県）の擬木東屋。前述の松村重の令孫が営む有限会社松村擬木の施工。

名蔵ダム（沖縄県）の東屋。コンクリート擬木メーカー、ナベシマ製（東屋３型）と思われる。

藤棚

藤のつるを這わせて花を鑑賞できるように組み上げた棚。パーゴラとも呼ばれる。垂れ下がる藤の花を愛でる前に柱を見てみよう、ここにも擬木が。

JR 用宗駅前（静岡県）。６本の擬木柱に護られるようにして樹齢 80 年の藤が青々と葉を繁らせている。日暮れ近くに１匹のクマゼミが飛び込んで来た。

藤を避けるようにクランクして配置されたベンチもいい。

JR 伊丹駅前（兵庫県）。大河ドラマにもなった黒田官兵衛とゆかりの深い有岡城跡に姫路城の藤を植樹した藤棚。スマートなプラスチック擬木のパーゴラである。

擬木椅子

「人間椅子」といえば江戸川乱歩の傑作幻想短編である。「擬木椅子」と聞くとそんな怪奇幻想味を帯びて心に爪痕を残しそうだが、実際はいたって座り心地のよさそうな椅子だ。

幹径は柵よりもがぜん太くなり存在感が増す。大擬木である。擬樹皮はなかなか珍しいサクラ。

有栖川公園の擬木ベンチはもうなんかため息がでる味わいだ。日暮れ時に妖精の一人や二人座っていそうな。

擬木橋

欄干が擬木となっている「擬木橋」も多く分布する。

玉川上水（東京都）宮の橋。

石垣島（沖縄県）のバンナ公園。常軌を逸した大木を一刀両断。なんというか、周囲の豊かな木々と張り合って作ったらこんなインパクトになりましたみたいな感じである。

屋内の擬木

　商業施設内などに生息する擬木は、南方系の樹種が多い。日常とは異なるリゾート空間を演出し、購買意欲を刺激するためでべつに擬木が無理をしているわけではない。

海ほたる（千葉県）、どう見ても柱なところがいい。

擬木のなかま

擬木の図解

各部名称と役割

擬横木
擬樹皮
柱の太さ
12cm～15cm
擬木柱
全長
90cm～120cm
横幅 120cm～200cm

擬木は全てがコンクリートやプラスチックでできているわけではない。中にはまるで樹木が水を吸い上げる導管のように鋼の管が通っており、それをモルタルやプラスチックで覆う構造となっている。

擬幹（しつこくてすいませんがようするに幹です）が露出した擬木柵。ステンレスのラス網に下地のモルタルを塗り込んでいるのが見える。

擬木の見た目に大きく影響する擬樹皮は杉やクヌギが一般的だが特注でサクラやシラカバなども存在する。

茶臼山動物公園（長野県）のサクラ仕上げ擬木。

古い擬木に多い左官仕事の擬樹皮は厚ぼったい質感が特徴だ。

真鶴（神奈川県）で発見、かっこいいツタトルネード樹皮。

樹皮とともに擬木の「顔」となるのが年輪。種類や経年によって様々な表情を見せる。

高精細な年輪クリエイティブ。

プラスチックはわりとデフォルメ気味。

擬木の生態

立ち尽くす

中には壊れたのかなんなのかフリーランスに立ち尽くすものもいる。すっかりシュールなオブジェと化した。

まるで木のように

コケや菌類が生えたり、虫や鳥がとまったり、木としての根源的な役割を演じているとき、心なしか擬木は誇らしげに見える。メンタルはもう木なんだね。

もう木でいいんじゃないか。

地衣類が繁殖。木であり、石である。

スズメがさえずる。

擬根が露出。

逆半自然的な存在としての擬木

川や池、森などに侵入できないように柵として立ちはだかる擬木。いつしかコケが生え、虫が活動し、鳥がとまり、我々と自然の境界で超越的な存在となる。
周期的に伐採する雑木林などのように自然に発生した植物群が人間によって干渉され、維持された状態の事を「半自然」という。

擬木は人間が作り出したものに自然が影響を与える「逆」半自然、つまり半人工的な物体といえるのではないか。各地に分布している擬木たちが今後、どのように変容をとげ、さらに馴染んでいくのか見守っていきたい。

擁壁のなかま

**斜面が崩れないように、石やコンクリートで補強したもの。
土留めともいう。安全のため、とにかくしっかり作らないといけない。
水抜きにも気をつける必要がある。**

間知石（けんちいし）練積み（ねりづみ）擁壁（矢羽積み）

石積みの間をモルタルなどで埋めたものを練積みという。写真は石が斜めになっているので矢羽積み。昔からあるような急な坂でよく見る。

間知石練積み擁壁（布積み）

同じく練積み。石を地面と平行に積み重ねているので布積みという。

空石積み（からいしづみ）擁壁

石と石の間をモルタルやセメントなどで埋めず、積んだままにしたもの。安定させるためにはかなりの技術が必要。ほぼ石垣。

石垣

古くからある石垣は、擁壁の技術とよく似ている。石垣は間知石空積み擁壁ともいえる。

大谷石（おおやいし）擁壁

擁壁の石積みとしては、大谷石のものをよく見かける。足元が苔むしていたりする道はとてもいい雰囲気である。

コンクリート擁壁

写真のようにコンクリート自身の重みで安定させるもののほか、断面がL字型で上に載る土の重さを利用するものなどがある。

控え壁（バットレス）擁壁

擁壁の外側を控え壁が支えているものもある。朝のラッシュ時に、ドアからあふれる乗客を駅員が支えるのに似ている。

コンクリートブロック積み擁壁

プレキャストコンクリートのブロックを積み重ねたもの。

アンカー式擁壁

崖の内部にある岩盤にアンカーを打ち込み、擁壁との間をケーブルなどで結んで補強したもの。特徴的なアンカー頭部が並んでものものしい。

蛇篭（じゃかご）

岩をかごで囲って土留めにしたもの。近くの切土工事などで出た岩をそのまま使えるため、効率がいい。

二段擁壁

擁壁が二段になったもの。安全を確保するのが難しいため、住宅地では条例などで規制されていることが多い。

石垣＋重力式コンクリート擁壁

東京の日本橋川では、首都高の橋脚を建てるため、その周辺だけ古い石垣を崩した。でもまた石垣を組むのは大変なので、そこだけ重力式コンクリート擁壁になっている。

JR山手線式二段擁壁
（練石積み＋コンクリートブロック積み）

線路の周りには擁壁が多い。電車は高低差が苦手なので、土を切ったり盛ったりして地形に対応するしかないからだ。深いところではこんなふうに擁壁が二段になっていたりもする。

擁壁のなかま

擁壁の図解

各部名称と役割

擁壁の素材は主にコンクリートと石だ。
あるときは崖の傾斜にもたれかけるように、
あるときは垂直に立てる。
雨水がしみ出してくるので、水抜き穴も
忘れてはいけない。
写真のコンクリートブロックの場合は
ブロックの真ん中から塩ビパイプが
出ている。石積みの場合は石と石の間に
パイプを通してあるのをよく見かける。
水は、たいていは、しみ出す程度だが、
場所によってはじゃぶじゃぶと
常にわき出していたりもする。

これは、東京・目黒にある
川跡の擁壁から水が湧いている
ようすだ。崖下といえば
湧水というわけで、
たまにはこんなこともある。

街中では擁壁を見慣れているが、
それがない場合の本来の姿は
こんなである。極端にいえば、
ぼくたちは山の中に暮らしている。
それが都市化によって見えなく
なっているのだ。その一端を
担うのが擁壁である。

改変した地形を固定する。それが擁壁の使命

傾斜地は、本来は人が住むのに適さない。人間は平らな場所にしか住めないからだ。だから坂を削って部分的に平らな箇所を作ろうとする。しかしそうすると、本来はなかったはずの崖が新たに出現することになる。坂はやっかいだが崖はもっとやっかいだ。崖に対処するために擁壁はある。

擁壁を設けて崖が崩れないようにすることで、安心して傾斜地に住み、活動することができる。それはつまり、本来変化するはずの地形を固定するということだ。ちょうどブックエンドを置いて本の束を固定するように、擁壁を置くことで土の塊を固定するのである。

擁壁の生態

川が好き

擁壁は高低差のある場所に頻出する。高低差を生んだのは街中ではたいてい川なので、つまりは川跡や暗渠（蓋をした川）に頻出することになる。そのため、街中の擁壁は細い路地に面していたり、曲がりくねってその先がよく見えないことが多い。右上のこれなど、行き止りにも見えるが実際は先のほうで急に曲がっている。そして、こんなに狭いのに片方の壁だけが異様に高い。暗渠を歩いていると、こんな道ばかりである。

副業

擁壁は、家の外壁とは違って微妙に公共性を持っている。そこで、まるで掲示板のようにメッセージが貼られていたりする。ここで見かけたものは、なんとある出版社の新刊の案内だった。擁壁の上に立つ家屋の住人が貼ったのだろうか。

苗床

擁壁はまた、植物の生育の場ともなる。多孔質の石の場合は、苔が生えたり、穴から草が生えたりもする。専用のパネルを使うまでもなく、身近なところで自然と壁面緑化が実現されているのだ。

階段をお供に

擁壁の上部へのアクセスとして階段がついているタイプもある。風情抜群である。
用もないのに登ってみたくなる。

消波ブロックのなかま

防波堤などにいくつも置いて、大きな波が港や陸地に直接来ないようにする。
コンクリート製で、大きなものは5mほど。
同じ形のものをお互いに組み合わせることで固定する。
護岸の基礎を守る「根固め」という工事にも使われることが多く、
合わせて消波根固（しょうはねがため）ブロックともいう。

テトラポッド／不動テトラ

消波ブロックといえば、これ。日常の会話では「消波ブロック」なんて言わず、テトラポッドと言っちゃうことも多い。四本（テトラ）の足（ポッド）のそれぞれは、円錐を切り取った形で「截頭（せっとう）円錐体」という。丸っこくて親しみのある形なのに、名前は急に難しい。（写真：八馬智）

3連ブロック／日建工学

テトラポッドを二つくっつけたような形。積んだときにお互いががっちりと固定されるように設計されている。

セッカブロックA型／日本コーケン

和同開珎のような形。真ん中に四角い穴が空いていて平たい。日本消波根固ブロック協会では、こういうのを平型と分類している。

六脚ブロックK形／技研興業

消波根固ブロックとしては国産第一号となる、由緒あるブロック。足の先まで太さが変わらないA型もある。

メガロック／三柱

護岸の傾斜に沿って置いたときに中央部分の傾斜が水平に近づくため、波を柔らかく受け逃がすという特徴がある。

サーフブロック／三谷セキサン

メガロックに似ているが、真ん中の穴が六角形になっている。敷き詰め方は基本形だけで三種類あり、写真は「基本型1」の組み方。

シェークブロック／三谷セキサンなど

遠目にはテトラポッドに見える。しかし足の断面が円じゃなくて六角形になっている。ポリゴンぽくてかっこいい。

シーロック／三省水工

前足を立てて座る犬みたいでかわいい。そして後ろ足は広げた形なので、重心が低く倒れにくい。

合掌ブロック／東洋水研

両手の指を伸ばして絡めたような形なのだが、ガンダムに出てくるモビルスーツのようにも見える。噛み合わせがよく安定する。

三柱ブロックI型／三柱

三本の柱が互いに直交した形をしている。まさに名前のとおり。柱の各面がきっちり面取りされており、水晶みたいでかっこいい。（写真：磯部祥行）

中空三角ブロック／チスイ

シューティングゲームの敵キャラのような造形でかっこいい。内部が海の生き物のすみかとなることも想定されている。（写真：八馬智）

エックスブロック／不動テトラ

名前のとおりまさにXの形をしている。ちゃんと表裏があり、四隅に足があってひっくり返りにくくなっている。（写真：八馬智）

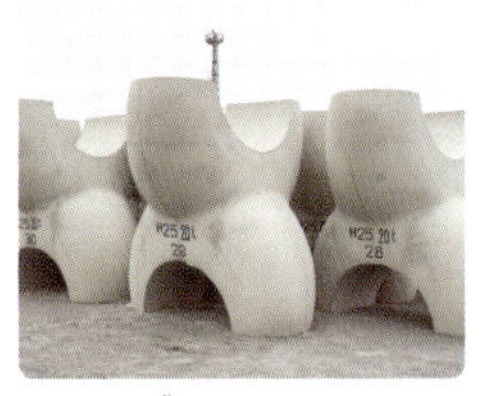

ジュゴンブロック／プラフォームサンブレス

かわいい。ジュゴンといわれればそう見えなくもない。いたるところ曲面で構成されているのが特徴。波を効率的に消せたりする。（写真：八馬智）

コーケンブロック／日本コーケン

横に伸びる角柱の途中から角錐が何本か生えている構造。角錐の数によって2単位から5単位までの種類がある。写真は3単位。（写真：八馬智）

消波ブロックのなかま

消波ブロックの図解

各部名称と役割

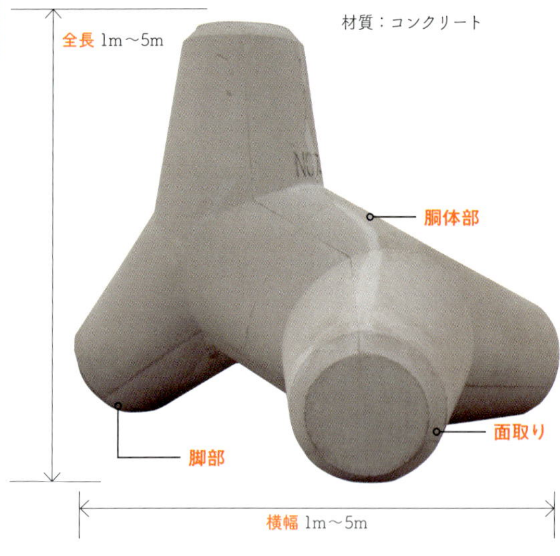

重さ 1 〜 100 トン

海に並んでいるものを
遠くから見ると
普通の大きさに見えるが、
近づくと想像以上に大きい。
左側にいる人と比べると
よく分かる

消波ブロックはまず間違いなくコンクリート製である。大きさは、同じ製品でも最小 1m から最大 5m くらいまでいくつかのバリエーションがあるのが普通だ。海や川の激しい流れや波に 24 時間 365 日立ち向かうので、とにかく頑丈で重いことが求められる。端部はたいていの場合、面取りされている。お互いが絡みやすいように、足が何本もある。

さまざまな形態で、協力して岸を守る

消波ブロックのなかまの使命は、岸を守ることだ。波の威力を弱める消波ブロックや、海底で岸の基礎を守る根固ブロックなど、さまざまな種類、形態を駆使して岸を守る。戦う相手は激しい海の流れだ。だからブロックは、大きく、重く、頑丈で、お互いががっちりと組み合う形をしている。

彼らの形態はバリエーションに富み、まるで海の生き物のようだ。満たすべき制約や、目的を実現するための戦略は無数にあり、その違いがおのずと形態の違いに現れる。押し寄せる波とともに響く轟音は、彼らが日々最前線で働いてる証だ。

消波ブロックの生態

誕生　消波ブロックはほとんどの場合、働くことになる場所の近くで生まれる。遠くから運ぶにしては、あまりにも大きくて重いからだ。

これはテトラポッドがまさに生まれようとしているところ。何枚かの型枠を組み合わせて、現地でコンクリートを流し込む。（写真：磯部祥行）

型枠の種類を減らすなどして、なるべく簡単に作れるように設計されている。

生まれたばかりのブロックは、こんなふうに並べられて養生される。1～2週間ほど休むことで、しっかりと体を作り上げるのである。若いブロックたちが整然と並ぶようすはとてもキュートだ。

生涯

実際の職場でも、彼らは仲間とともにフォーメーションを組んで働く。一人で働くことはほとんどない。これは「乱積み」というランダムなフォーメーションである。他に整然と並ぶ「層積み」などがある。

そして…

彼らが立ち向かうのは、激しく打ち付ける波だ。24時間365日戦った結果、彼らの体はボロボロになる。朽ちていくその姿は、尊くも感じられる。（写真：磯部祥行）

共生

年老いたブロックのもう一つの姿は、海の生き物たちのすみかである。写真のように岩ノリや牡蠣が付着したり、魚が住みついたりすることもある。そもそも、そのために適した形に設計されていたりもする。

街角にあふれる「お店では買えないモノ」のデザイン

八馬　智

文・写真

お店では買えないモノ

　僕らの街は本書に掲載されている「街角商品」によって構成されている。それらは確実に視界に入っているはずなのに、なぜか「見えない」。つまり、僕らの日常の意識の外にあるのだ。

　それらのほとんどは、巨大なショッピングモールに行っても手に入れることができない。陳列棚にないのだから、商品であることを意識しにくい。僕らがデザインを気にしながら購入する生活雑貨や家電製品とはわけが違う。それに、お店では買えないモノのデザインは、その見方もよくわからないし、良し悪しを判断する機会なんてなかなかないし、そもそも興味なんて持たない人が多いだろう。このように街角商品は、「自分には関係ないもの」になりやすい。

　しかし、世の中にあるすべての人工物は、その姿かたちが誰かによって、誰かのために「デザイン」されている。もちろん街角商品も。その点に着目して街を観察すると、自分とのかかわりが少しずつ見えてきて、きっと面白い風景が見えてくる。

きらびやかなショッピングモールはなんでも手に入る気分になるけれど、エスカレーターや床材や照明器具など、その空間を構成している要素は売られていない。（写真：大山顕）

街角商品のデザインの捉え方

お店では買えないモノは、洗練度が低くて生々しいデザインや、簡素で凛としたデザインが多いように感じる。良くも悪くも、あざとさを感じない「ピュア」なデザインだ。そうなる要因は、広く世間で売れることを目的としていないためだろう。

コンシューマー向けの商品のデザインでは、「使いやすい工夫を施してユーザーの満足度を上げる」、「見た目の魅力を演出してライバル商品との差別化を図る」、「これを所有している自分をアピールするという自我欲求を満たす」などが重要になってくる。市場原理の中でこのようなことが競争的に繰り返されることで、デザインの水準は上がっていく。

ところが、街角商品は事情が少々異なる。主な「お客さん」が不特定多数の利用者ではなく、公的機関やディベロッパーなどの「関係者」なのだ。必然的に、街角商品のデザインにおいては、程度の差こそあれ、実際の利用者よりも、購入者である施設管理者などの関係者の方を向きやすい。そして、商品に要求される性能のバランスも、自ずと変わってくる。

具体的には、「本来の目的に対する機能性を優先的に充足する」、「生産や調達のしやすさなどのコストを最小化する」、「耐久性や可搬性などの維持管理性能を高める」、さらには「実際の利用者からクレームが来ない」といったことになるだろう。こうしたことから、エンジニアリングを実直に積み上げつつもコストを最小化した「ピュア」なデザインが、街角商品の中心になっていると考えられる。

まさに機能に忠実で、質実剛健なデザイン。
（単管バリケードの写真：三土たつお）

定番とバリエーション

街角商品には、これを選んでおけば関係者は誰も傷つかないという「標準品」と呼ばれる考え方がある。その背景には、法律や規格による制約がある。日本全国どこに行っても同じ風景という嘆きの遠因にもなっているが、成長を前提として大量にものをつくり続けた時期の社会においては、とても重要な価値観だ。

街角商品の多くは公共の日常生活の場面に登場するために、人の命が関わる高い安全性が求められる。これに対して、業界を挙げて巨額の費用をかけて製品を開発し、必要に応じて法律や基準を整備し、対応する共通の規格をつくる。そして、大量生産によるコストダウンを図り、製品群を普及させることが行われている。その中には、長く愛され続ける定番商品のような素晴らしいデザインのものもある。

その一方で、メーカーが違うのに全く同じ製品をつくるわけにもいかない。どこかに少しずつ異なる工夫を取り入れて特許を取得し、自社の技術と利益を防衛する。さらに、現場の状況に合わせて取り入れられた工夫や、関係者個人の良心や都合に基づくカスタマイズがなされることもある。また、現場の職人や使用者本人の手作業によるオリジナルも出現する。こうして同じカテゴリーの商品に様々なバリエーションが生まれているといえる。

標準品からのバリエーション展開に着目することは、街角商品を楽しむための重要な鍵となる。つくり手と受け手の間に横たわる溝を意識的に面白がることができれば、しめたものだ。

その形になった理由を考えてみよう

様々な条件をクリアするよう「ピュア」にデザインされた街角商品の多くには、デザインの意図やプロセスを想像するための手がかりが随所に残されている。様々な知識や情報を駆使して、「どうやって問題を解決したか」というストーリーや形の決定原理を推察することは、観察の醍醐味のひとつだ。

たとえば、刻々と変化する工事現場の三角コーンであれば、存在感と安定性の両立に加えて運搬や保管に対応するスタッキングを実現していることが、その形状から読み取れる。さらに材料や構造の知見があれば、生産性が高い射出成形に適した形状や、補強のために設けられた段差にも注目するだろう。

また、等間隔に並ぶ高速道路の照明柱であれば、夜間に路面をできるだけ均一に照らして安全性を高める目的を実直に果たし、昼間に走行車両からの視線を積極的に集めるという必然性はないことから、支柱の形状は上に向けて細くして構造的合理性を追求したミニマルなデザインにしていることが読み取れる。さらに、最近は上部がきれいなカーブを描くものよりも、ストレートな支柱に直接灯具を取り付けたシンプルなタイプが増えてきていることから、灯具の性能が向上していることに気づくだろう。そこまでくると、夜の帰り道にある道路照明が、支柱は以前のままなのにいつの間にか灯具だけがLEDに置き換えられていることを再発見するだろう。

このように、計画や生産の立場に思いを馳せながら街角商品を観察すると、自分との距離を近く感じることができ、実際の成り立ちを知りたくなってくる。

おもねりのデザインが生まれるわけ

街角商品のデザインの質は、おそらくメーカーや購入者の中にいる「関係者」のデザインの理解力に委ねられている。それが著しく低い場合、つくる側にとって都合がよい洗練度が低く無骨なものや、利用者におもねる姿勢が前面に出た稚拙なものが生まれてしまうことがある。コンシューマー向けの製品では、市場原理に基づいてプロのデザイナーによる切磋琢磨が生まれるが、そのような歯止めがかからないことがあるのだ。特に、一般利用者の視線を過度に意識してしまうと、アニメーションを多用するプレゼンスライドのように、あっという間に飾り立てる方向に行ってしまうことがある。

その中でも、木材、石材、レンガなどの天然素材を擬態することで、利用者の過去の記憶に媚びようとする事例は枚挙にいとまがない。価値観の押しつけか何かに対するエクスキューズかは判別できないが、関係者たちには悪気がないだけに、少々困惑する現象だ。

たとえば、石積み風の化粧型枠を用いたコンクリート擁壁は、使うスケールを間違うと、フォトショップでコピペしたような同じパターンの繰り返しが生じてしまい、逆に人工感が揺るぎないものになる。本来積層して使われるレンガを模した事例には、役割・構造・形状が材料特性から乖離しているものも多い。皮肉なことに、その離れの程度が大きいほど、観察者としてはジョークとして楽しむことができる。

その一方で、現場の職人の手によって擬態が施されたものは、その手作り感のある風合いや強い個性が勝って、全く別の価値を帯びてくることもある。

今までよく見ていなかったものをじっと見つめ直すと、いろんなことが伝わってくる。(写真：三土たつお)

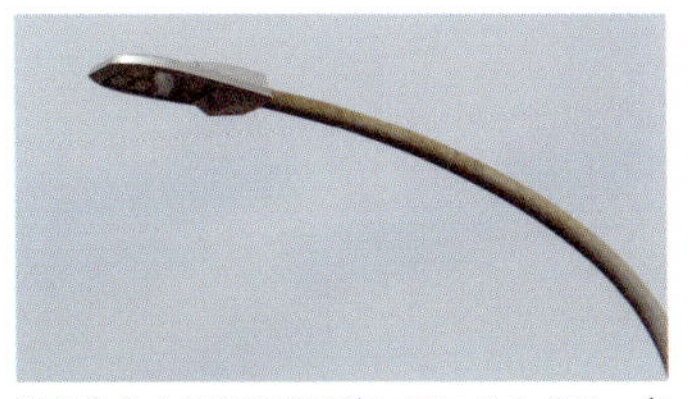

筆者自身もこの原稿を書いているときに、自宅前の照明柱の変化にようやく気がついた。

社会で共有された「良い記憶」である素材の記号性に寄りかかるデザインは、たいてい質が低くなる。

時には現場の職人さんのこだわりが強く感じられるものにも出会う。

ヴェネツィアの呼び鈴からは、全く同じ顔を持つ人などいないという事実を突きつけられる。

並べることで見えるもの

日常では無視しがちなものであっても、それらが大量に並んでいると無視できなくなる。街角商品は、不意にそのような姿を現すことがある。その眺めを、あたかもコレクションするように探していくと、全体性やその中の小さな差異が見えてくる。

消波ブロックや三角コーンなどの同じ製品がずらりと並ぶ様子には、要素の単調な繰り返しによって心地よいリズムが生まれてくることがある。全体をじっくり眺めると、畏怖の気持ちが生まれるほどに圧倒されもする。その眺めの中にわずかな変化や、基本単位そのものの変化や、断絶するような大きな変化が加わると、いっそう印象が深まるだろう。

また、全く別の空間にあるものでも、一定のルールに従った写真を撮り、それらを丁寧に並べることで、似たような感覚を得ることができる。これは、ドイツの写真家であるベッヒャー夫妻が編み出した「タイポロジー」という写真表現手法に極めて近い。自分のテーマをいくつか持って街角を探索するだけで、いつもの風景が違って見えてくるだろう。

様々な街の電波塔を斜め45度から眺めてコレクションした、通称「タワコレ」。

同じ要素の繰り返しによって脳がしびれる感覚は、宗教音楽やテクノミュージックの体験に近い。

日常を見直してみよう

「あたりまえ」のように身のまわりにあるものの存在や価値は、それがなくなったときにようやく気づく。「お店では買えないモノ」は、特に見逃しやすい。

そうなる前に、自分が所有するつもりになって眺め直し、自分とのかかわりを深めてみよう。もちろん実物を持って帰るわけにはいかないので、スマートフォンやデジタルカメラで記録し、SNSなどで共有するといいだろう。コストをかけずに写真を共有できるようになった時代にぴったりのアプローチ方法だ。その際には、自分なりの観点のタグをつけておくと、新たな価値が発見できるかもしれない。

多くの人が街角商品を観察するようになると、その見方が発見され、価値が共有されていく。すると、街角商品は見られることを意識するようになり、自ら進化していくだろう。そうなれば、街はもっともっと面白くなるに違いない。

街角をつくる素材

プラスチックや鉄やコンクリート。
街角の物件をつくるものたちは、同じ素材でもまったく違う場所で使われていたりして面白い。それぞれどんな特徴を生かして、どんな場所で働いているのか。まとめてみた。

プラスチック

路上に仮設するものでよく見かける。軽くて加工しやすい。持ち運びも便利。必要に応じて重りを載せる。のぼりベースのように、設置するときは水を注いで錘にするものもある。今の郵便ポストはFRP（繊維強化プラスチック）で丈夫だから、固定して長く使うこともできる。

鋳鉄

溶かした鉄を型に入れて固めたもの。鉄の鋳物だ。ちょっと昔のイメージがあるけど、今でも現役。重い鉄のかたまりで、街中で一番よく見かける鋳鉄はマンホールじゃないだろうか。頑丈で錆びにくいダクタイル鋳鉄がよく使われている。ポストは鋳鉄製になる前は木製だった。すごい進化。

鋼

頑丈で重いけれど加工しやすい。何かを支えたり、長く使いたいものでよく見かける。がっしりだったり、しなやかだったり。送水口は昔は真鍮製だったが、今はピカピカのステンレスのやつをよく見かける。さびにくくて長持ちするからぴったりなのだ。

コンクリート

砂利と砂にセメントと水を混ぜて固めたもの。気持ちとしては、いろんな形に加工しやすい石だ。石に憧れて擬態することもある。ずっしり。電柱では、電線だけじゃなく街路灯やら標識やらにひたすら寄生される。だからずっしりしたコンクリートがぴったり。

石

昔から使われてきた「ずっしり」の担当。いまではコンクリートに比べて天然の高級感みたいな雰囲気をまとっている。石塀に使われる大谷石は、他にくらべて軽くて加工しやすいから普及した。加工しやすいって大事。みかげ石はとにかく固くて頑丈、境界石やみんなに踏まれる敷石でよく使われる。

木

加工しやすいし、軽いのも重いのもあるしとにかく便利。なんなら温もりもあるんだけれど、燃えやすいのが難点。今はなにか実質よりも雰囲気を担当している。街で見かける木の家は、本気で昭和を生きたものと、今あえて木なものの二通りある。前者はカジュアルだが、後者は意識が高い。なお、街路樹は素材じゃなくて木そのものと思うかもしれないが、彼らは街を構成する部品の一つだ。なにせ規格もある。

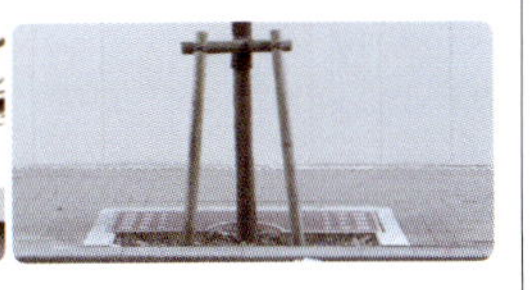

まとめ

街をつくる材料は、それぞれの特徴に応じて最適なものが選ばれてきた。ほんとは石がいいけど近くにないから木を使う、みたいな調達の都合もある。新しい素材は、そういう古くからある素材の不便な点を克服するために進化してきた。型さえつくればどんな好きな形も作れちゃう魔法の石がコンクリートだし、消波ブロックはまさにそんなふうに造形されている。

一口にプラスチックといっても、その中にはポリエチレンもあればポリ塩化ビニールもある。それぞれ固い、柔らかいみたいな特徴が一つ一つ違う。他のあらゆるものがそうだ。人生がいろいろであるように、石もいろいろ、鋼だっていろいろ咲き乱れるのである。

そして素材がいろいろなのは、要求もいろいろだからだ。街で見かけるものは、どれ一つとっても、こんなものが欲しいという人々の願いが具現化したものだ。そういうさまざまな願いや要求が、さまざまな素材を生み出してきたのである。

フィールドワークにでかけよう

この本をここまで読んだら、実際に街でいろんなものを見てみたくてうずうずしていると思う。そんなときに、どんなふうに観察すればいいのか。ぼくなりのやり方を紹介したい。

まずはきょろきょろして、気になるものを見つけよう。まずは街に出てみよう。近所でいい。

いままで気に留めていなかったものが「見えて」くる

そしていろんなところをきょろきょろしてみる。高いところ、低いところ。近くのもの、遠くのもの。いろいろ気になるものが出てくると思う。何か気になるものを見つけたら、それを詳しくみてみよう。たとえばこの標識。

近づいてよく見てみる。

質感がよく分かる。蜂の巣みたいになってる。意外と大きいな。そんなことを感じる。触ってみよう。支柱は叩くとキンキン響く。標識そのものはボコンという感じだ。

できればメジャーを持っているといい。

表面が蜂の巣状

だいたい40cm。結構大きいな、みたいことが実感できる。ほんとはもっと近づけて測るんですよ。

それから、裏に回ってみよう。

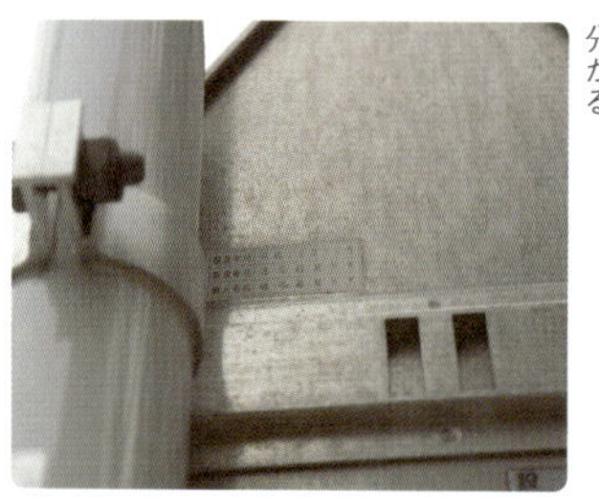

裏に回るといろんなことが分かる。

こんなふうにシールが貼ってあると最高だ。誰が作っているのか、いつごろ作ったのかまで分かる。「メタクリル樹脂」というように材料が書いてある場合もある。たいていはよく知らない名前なので、そういう場合は素直に調べよう。そのうち、支柱は叩いたらキンキンいったから鋼だな、鋼のうちでも一般構造用炭素鋼鋼管じゃないか。みたいなことが想像できるようになるかもしれない。

持ち物としては、カメラがあったほうがいい。気になったものがあればバシャバシャ撮りまくる。そしたらそれが記録になる。できればズームつきのカメラと、GPSロガーがあるとなおいい。

たとえば高いところにあるこの街路灯。

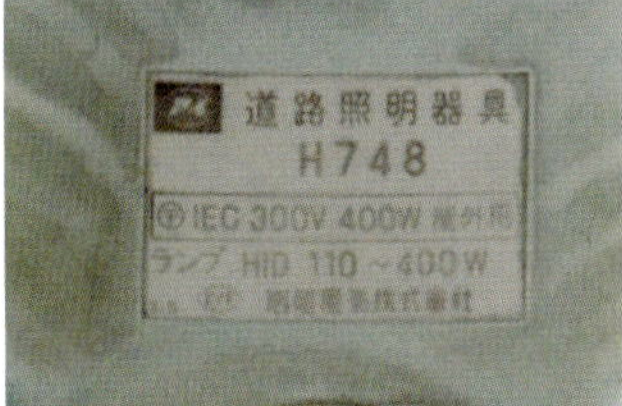

ズームカメラで近づいてみれば、ほら。

ズームすると、メーカーは「岩崎電気」で型番は「H748」か！ということがたちどころに分かる。型番が分かればメーカーのウェブサイトでカタログ検索をすれば、より詳しいことも分かる。ちなみに希望小売価格は5万4600円だった。そうか、これ5万円かと思うと急に実感も湧いてくる。

GPSロガーは整理用だ。あそこで撮った写真どこいったかな？というときに、写真に位置情報がついていればとても探しやすい。これがないためにどれだけ写真をムダに捜索したことか。

できれば、ズームアップした写真だけでなく、遠景も撮っておこう。それがどんな状況にあったかというのも大切な記録だ。

たとえばこの郵便ポスト（下写真）。郵便差出箱1号丸形というかなり古いポストなんだけれど、遠景はその下のような感じだ。いい風景でしょう。逆にいうと、郵便差出箱1号を探そうと思ったらこういう風景のところにいけばいいという手がかりにもなる。

同じものばかり見てみよう

こんなふうにいろんなものを見ているうちに、必ず気になるものが出てくる。そしたらそればっかり見てみよう。見つけたらカメラで撮る。そのうちに「見る」じゃなくて「集める」という気分になると思う。

同じものばかり集めるというのはいろんな意味で重要だ。集め始めた当初は、言ってしまえば対象にそこまで強い興味はないと思う。ちょっと気になるという程度だ。でも集めているうちに、「あれ、これさっきとちょっと違うぞ」という発見がある。「あれなんだろう？」っていう疑問が湧いてくる。「ちょっと微妙だけれど、これも同じ仲間なのかな」という逡巡もあるだろう。

見ているうちに、自然と興味が湧いてくるのだ。みうらじゅんさんは、このステップを「自分を洗脳する」と呼んでいる。あの「ゆるキャラ」も、ひたすらいろいろなものを見て歩くことでどんどん興味を持てるようになっていったのだという。

この本を書くまでは、ぼくもパイロンにこんなにいろんな種類があるっていうことを分かってなかった。

みんなこれだと思っていた。でも見て行くうちに、

これは足元が2段だぞ、とか、これは反射する白い部分がやたら大きいな、とかいうことに気がつく。

近づいて足元を見ると「ユニ・コーン」みたいに名前が書いてあるので、それを元に検索すると「ズイホー産業」っていうメーカーのことが分かったりする。反射する部分は「反射フィルム」っていうのか、みたいなことも分かる。

いろいろある、ということに気がつくとコレクション欲も湧いてくる。メーカーのカタログにあるこのめずらしいガイドポスト、見たことないけれどどこにあるんだろう、というような気持ちだ。これがまた切ない。ぼくもまだまだ見たいものがたくさんある。

同じものを集める、に似てるんだけれど違う方法として、「テーマを決めて集める」というのがある。「パイロン」のようにモノを限定するんじゃなくて、「台」「柱」のように役割や属性を一つ決めて、それを集めるのだ。

そうすると、今まで見ていたはずの街の風景に対する見方がちょっと変わる。拡張される。「いままでこれが柱だなんて思ったことないけれど、確かに柱だ」みたいに景色が転換する。この方法の大家は、この本にも寄稿している大山顕さんと内海慶一さんだろう。

大山さんの「雰囲気五線譜」はまさに「テーマを決めて集める」の実例になっている。大山さんが冴えているのはテーマの決め方だ。言われてみればそういうの確かにある、というテーマに気がつくのが抜群にうまい。でもテーマの決め方の話を書いていたらあと何ページも必要だ。

この話で思い出すのは、内海慶一さんによる「台」についての文章だ（注）。ワークショップの参加者に「台」というテーマで写真を撮り集めてもらったら、最初のうちは、室外機を載せる台や、植木鉢を載せる台のように、台として作られて実際に何かを載せているものを撮っていた。

でもそのうちに、配電箱のように、台としてつくられていないし何も載っていないものも「台」として撮るようになったという。配電箱ってこんなやつだ。

内海さんと撮影者の間で、こういうやりとりがあったそうだ。

内海「なにも置いてなくても台なんですか？」

撮影者「はい、台たりえるものだから台です」

これ、すごくないですか。「台たりえるものは台」。これを読んだときの衝撃はいまだに覚えている。いままで、配電箱を台だと思ったことはなかった。街の見方が変わるってこういうことだ。

こんなに種類があったのか。これとこれは違ったのか。これもそうなのか。そういう発見の一つ一つが、街の見方を変えていく。自分だけの新しい街の見方が発見できれば最高だ。

では、フィールドワークにでかけよう。できればこの図鑑を持って。

（注）内海慶一さんのブログ「ぬかよろこび通信」より「【まち歩き写真あそび】鑑賞レポート」
http://pictist.exblog.jp/17218049/

本書を書いた人たち

三土(みつち)たつお

プログラマー、ライター

@mitsuchi　http://mitsuchi.net/

1976年茨城県生まれ。街歩き好き。踏まれてもくじけないガイドポストのようでありたい。『凹凸を楽しむ 東京「スリバチ」地形散歩』（洋泉社）等に寄稿。@nifty: デイリーポータルZで連載しています。

石川初(いしかわはじめ)

慶應義塾大学大学院教授

@hajimebs　hajimelab.net/wp

京都生まれ。東京農業大学農学部造園学科卒業。鹿島建設建築設計本部、株式会社ランドスケープデザイン設計部などを経て2015年より現職。登録ランドスケープアーキテクト（RLA）。東京スリバチ学会副会長。

伊藤健史(いとうけんじ)

会社員、時々ライター

@Asimov0803　kenjiito0666.wix.com/basecollection

有毒動物＆街歩き好き。ニフティのデイリーなポータルサイト「デイリーポータルZ」に記事を執筆中。日本にはびこる有象無象のバレンチノを集めるバレンチノコレクターとしても無名だけど、やっている。

内海慶一(うつみけいいち)

文筆業

@pictist　www.pictosan.com/

1972年生まれ。装飾テント、ピクトさん、猫よけペットボトルのある風景など、身のまわりにある様々なモノ・風景を鑑賞し、写真や文章を発表している。著書『ピクトさんの本』『100均フリーダム』（共にBNN新社）。

大山顕(おおやまけん)

フォトグラファー／ライター

@sohsai　www.ohyamaken.com/

1972年千葉県生まれ。主な著書に『工場萌え』『団地の見究』（いずれも東京書籍）、『ジャンクション』（メディアファクトリー）、『ショッピングモールから考える』（東浩紀と共著・幻冬舎）。

< 協 力 > @g_stand・@nyatsura・新井隆之・上野タケシ・大貫剛・きしの・三土涼子・送水口博物館・株式会社村上製作所・長島鋳物株式会社

柏崎哲生（かしわざきてつお） 井戸人

ido-jin.net/

1976年、秋に生まれる。東京に井戸ポンプが多く残されていることに驚き、いくつあるのか探し始めるうちに、井戸ポンプとそれを囲む風景に情緒を感じのめりこむ。冒険のように見知らぬ街を歩くこと自体も楽しんでいる。

木村絵里子（きむらえりこ） スタンドパイピスト

@ki_mu_chi d.hatena.ne.jp/ki_mu_chi/

1985年4月神奈川県相模原市生まれ。以前勤めていた会社と最寄り駅の間に佇んでいた送水口、毎日それとなく顔を合わせる日々……。ふと気がついたら好きになっていました。

小金井美和子（こがねいみわこ） 「ステルススイッチ」管理人

@yukkomogu stealthswitch.blog.fc2.com/

横浜在住。2014年に送水口やマンホール蓋の魅力に触れたのがきっかけで、一気に街歩き趣味にハマる。自然のものより人工物を好み、特に金属製のものに目がない。電線や配管のゴチャゴチャも大好物。

佐々木あやこ（ささき） 「送水口倶楽部」管理人

@sousuiko http://sousuiko.blogspot.jp/

レア送水口を求めて日々放浪中。一番好きな送水口は新潟市にある旧大和百貨店の露出Y型（村上製作所製）。トークイベント（送水口ナイト）や送水口ウォークを実施して送水口ファン拡大を画策中。

八馬智（はちまさとし） 千葉工業大学創造工学部デザイン科学科准教授

@hachim088 hachim.hateblo.jp/

1969年千葉県生まれ。景観デザインに関する研究、地域づくりに関する研究、産業観光（インフラツーリズム）に関する研究などを行っている。2012年より現職。著書『ヨーロッパのドボクを見に行こう』（自由国民社、2015）。

村田彩子（むらたあやこ） 路上園芸鑑賞家

@botaworks https://www.facebook.com/rojoengei

福岡県出身。街角で密かに営まれる路上園芸に魅了され「路上園芸学会」名義にてSNS等で細々と魅力を発信。植物への興味が尽きず園芸装飾技能士の資格も取得。人の手を離れオバケ化してしまった植物を見るとつい興奮。

装丁・本文デザイン…酒井布実子・櫻井朋子
（バナナグローブスタジオ）

DTP…宮澤俊介〔BGS制作部〕
（バナナグローブスタジオ）

編集…磯部祥行
（実業之日本社）

街角図鑑（まちかどずかん）

2016年 4月30日 初版第1刷発行
2022年 1月11日 初版第6刷発行

編著者…三土たつお
発行者…岩野裕一
発行所…株式会社実業之日本社
〒107-0062
東京都港区南青山5-4-30
emergence aoyama complex 2F
編集…03-6809-0452
販売…03-6809-0495
https://www.j-n.co.jp/

印刷・製本…大日本印刷株式会社

ISBN 978-4-408-11183-4（第一趣味）

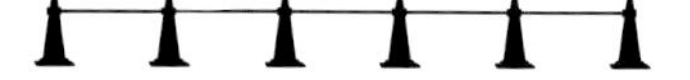